KB151435

동물보건 행동학

박민철
·
노예원

박영story

서문

필자는 동물보건사 국가자격증 과목에서 '동물보건 행동학' 파트 집필과 동영상 강의를 진행하였다. 그에 따른 책임을 다하기 위해 동물보건사 수험생들과 동물병원의 근무자들의 안내서가 될 수 있도록 본 교재를 집필하였다.

이 책은 동물보건 행동학에 대한 내용으로 이루어져 있으며 교정 및 상담까지 다루었기 때문에 행동교정, 훈련을 학습할 때도 충분히 활용할 수 있다. 책의 내용은 개념, 개념해설, 예제 및 실무사례 순으로 나열하여 최대한 쉽게 풀이하였고 독자들의 전문지식과 실무능력까지 함양할 수 있도록 준비하였다.

필자는 25년여 동안 개와 고양이를 연구하면서 종 특이성에 의한 행동학적 특징들을 분석하였다. 특히 들개와 야생 고양이의 행동패턴을 연구하여 실내 개와 고양이의 차이점과 공통점을 분석하였다. 이에 개와 고양이의 타고난 감각을 이용하여 가장 비침습적이고 부작용이 적은 행동교정 방법에 대해 소개하였다. 이러한 원리를 응용하여 8장에서는 동물응대 방법과 보호자들이 동물병원에 자주 호소하는 문제행동들을 제기하고 해결책을 제시하였다.

본 교재는 동물 보건사와 행동교정 및 훈련을 준비하는 독자들에게 안전하고 올바른 길로 안내를 해줄 것으로 기대한다.

박민철

동물산업은 제1차 동물 번식 사업을 하는 브리더들의 시대를 지나 제2차 산업인 훈련, 미용, 동물병원의 전성 시대도 지났다. 이미 제3차 산업인 동물행동심리상담 시대에 접어든 지금, 많은 보호자들이 궁금해하는 것은 '반려동물의 심리를 이용해 행동교정할 수 있는 방법에는 어떤 것들이 있을까?'이다. 바로 이 분야의 기초 지식을 다루는 것이 동물 행동학 과목이다.

그래서 동물산업에 종사하는 사람이라면 이제는 동물 행동학에 대해 언급하지 않고서는 훈련, 미용, 수의 분야의 지속적인 발전을 이어갈 수 있을지에 대해 의문이 들 것이다.

이에 수많은 사람들이 동물의 행동과 심리에 대한 이야기를 공공연하게 하고 있지만 실제 이론과 실무를 갖춘 전공자가 극히 드문 만큼 심각한 오류를 범하고 있는 정보들이 마치 정석처럼 국내에 알려져 있다. 심지어 어떤 부분이 오류를 범하고 그 결과로 반려동물과 가족들이 어떤 고통을 겪고 있는지 인지조차 못하고 있는 것이 현재 국내 동물 복지의 현실이다.

따라서 필자는 동물 행동학의 기본 이론을 본 교재를 통해 알림으로써 불분명한 정보들을 가려낼 수 있는 기초 지식을 함양하는 데 도움이 되길 바란다. 더불어 실무 예시는 동물의 행동문제와 함께 동물보건 분야까지 다룸으로써 실제 행동과 질병 문제로 인해 어려움을 겪는 반려동물과 그 가족 및 동물산업 종사자들을 도와 동물 복지 문화 향상에 기여할 것으로 기대한다.

노예원

CONTENTS

chapter 09 상담 이론 201

1. 동물 행동학의 정의
2. 동물행동 연구 방법 4가지
3. 동물 행동학의 역사
4. 포유류의 정의
5. 개의 기원 및 가축화
6. 고양이의 기원 및 가축화

01

동물 행동학의 개념

1. 동물 행동학의 정의

동물 행동학 분야는 현재까지도 초기 연구단계이기 때문에 학문적으로 통일되진 않았다. 현재까지 약 100만 종 이상의 동물이 있고 무척추동물과 척추동물로 분류되며, 대표적인 동물로는 포유류, 조류, 파충류, 양서류, 어류 등이 있다. 때문에 동물 행동학을 정의하여 교육자료로 일반화하는 것은 매우 어려운 과정이다. 이에 따라 동물행동학자, 생태학자, 심리학자들의 연구모형, 방향 및 결과를 토대로 정리해볼 수 있다.

동물 행동학이란 동물의 전 생애에서 이뤄지는 변화와 양상 과정을 연구하는 학문으로서 크게는 인지발달 분야, 생물 분야, 생태 분야로 구분할 수 있다. 동물 행동학은 동물의 행동 구조, 행동 양식, 성장 과정, 발달 과정, 쇠퇴 과정, 생존방식, 성격, 감정, 관계, 반응, 특성, 선천성, 후천성, 번식, 학습, 복잡화, 유전, 환경, 진화를 양적 및 질적으로 연구하는 학문이다. 현대에는 야생동물, 가축 동물, 반려동물로 분류할 수 있는데 본 교과목에서는 반려동물을 주로 다루고 있다.

반려동물이란 단어의 정확한 기원은 알 수 없지만 1983년 오스트리아 동물 행동학자 '콘라트 로렌츠'가 주최한 "사람과 애완동물의 관계"라는 심포지엄에서 사용된 것으로 알려졌다. 대한민국에서의 동물보호법 '제2조 제1호의 3'에는 개, 고양이, 토끼, 페럿, 기니피그, 햄스터를 반려동물로 규정하고 있다. 하지만 반려를 목적으로 동물을 기른다면 조류, 파충류 또한 반려동물로 간주할 수 있기 때문에 일상생활에서의 반려동물 범위는 정확히 구분하기 어렵다.

동물은 환경에 따라 행동 습성이 다를 수 있는데 같은 종이라도 야생에서 생활하는 동물과 가정(실내)에서 생활하는 동물은 행동 습성이 다를 수 있다. 야생동물 행동학은 주로 야생에서 활동하는 동물의 행동을 객관적으로 관찰하고 연구하는 학문이며, 관찰자의 의도에 따라 인공시설과 같은 특정 구조물의 환경에서 연구되기도 한다. 야생 동물학의 주 연구 목적은 야생동물의 생존, 진화, 행동 습성과 자연과 인간계의 상호작용을 밝혀내는 학문이다.

그에 비해 반려동물 행동학은 인간이 반려의 목적으로 기르는 동물의 행동을 객관적으로 관찰하고 연구하는 학문이며, 행동의 정상범위를 연구할 때는 선조종 및 근연종의 동물과 비교하여 연구하기도 한다.

예 집 고양이와 리비아산 야생 고양이의 비교, 고양이와 호랑이의 비교 등

2. 동물행동 연구 방법 4가지

동물의 행동을 연구하는 방법은 크게 4가지로 분류할 수 있는데 자연 상태에서의 연구, 실험실에서의 연구, 특정 구조물에서의 연구, 일상생활에서의 연구로 분류할 수 있다.

연구는 가설, 관찰, 실험, 비교, 기록, 통계 및 분석, 결과, 기대 등으로 구성되는데 크게 관찰 접근법, 실험 접근법, 비교 접근법으로 분류해 볼 수 있다.

❶ 관찰 접근법 : 동물을 직접 관찰하고 분석 결과를 기록하여 검증

- **자연 관찰:** 가장 자연스러운 상황에서의 관찰

  예 겨울철 늑대 무리의 사냥 행동, 야생 고양이의 사냥 행동

- **구조적 관찰:** 관찰 기록표나 체계적인 실험 도구를 이용하여 관찰

  예 종, 성별, 나이, 지역, 행동 패턴

- **참여 관찰:** 연구 대상과 함께 생활하면서 관찰

  예 고양이와 함께 생활하면서 야간 행동을 관찰

❷ 실험 접근법 : 연구자가 변수를 조작하여 원인과 결과를 검증

- **연구 주제:** 연구 목적 및 가설 수립
- **실험 계획:** 실험 대상, 방법, 도구 계획
- **실험 실행:** 실험 진행 및 결과 측정
- **데이터 분석:** 실험 결과의 데이터 분석(통계분석)
- **결과 도출:** 실험 결과 도출

❸ 비교 접근법 : 지역 및 시대를 비교 분석하여 공통점과 차이점을 연구

- **연구 주제:** 연구 목적 및 가설 수립(시대, 지역 등)
- **자료 수집:** 선행 연구 및 자료 수집(동물의 뼈, 화석 등)
- **자료 분석:** 비교 분석(기원전 15,000년 전 개와 현대의 개의 해부학적 구조의 비교 등)
- **결과 도출:** 실험 결과 도출

❹ 연구 방법 응용 예

① 반려견과 늑대와의 행동 양상을 비교하기 위해서는 '관찰 접근법(참여 관찰)'과 '비교 접근법'을 함께 사용한다.

② 고양이가 색깔을 구분할 수 있는지 연구하기 위해서는 '실험 접근법'을 사용한다.

③ 들개와 야생 고양이의 사냥 습성을 관찰하기 위해서는 '관찰 접근법(자연 관찰)'을 사용한다.

동물행동을 실험할 때는 한 가지의 실험 방법을 사용하는 것보다는 복합적인 방법을 사용하는 경우가 많다.

3. 동물 행동학의 역사

매우 안타깝게도 필자가 동물 행동학의 역사를 명확히 정의할 수는 없다. 전 세계적으로 수많은 동물 행동학자, 동물 생태학자, 심리학자들이 있지만 통일된 자료가 없고 공동 연구도 매우 드물기 때문이다.

현대에 와서도 일반화된 자료는 없지만 역사와 함께 자주 거론되는 인물들을 소개하도록 하겠다.

◆ 찰스 로버트 다윈(Chales Robert Darwin) 1809~1882년 영국 생물학자

자연선택에 의한 행동 진화론을 연구한 세계적인 학자이다.

다윈의 진화론은 생명이 적자생존의 원리에 의해 스스로 환경에 적응하면서 진화한다고 주장하였다. 진화론은 현대에도 유력한 연구로 인정받고 있다. (생명의 진화론 이론)

카를 폰 프리슈(Kael von Frisch)
1886년 오스트리아 동물학자

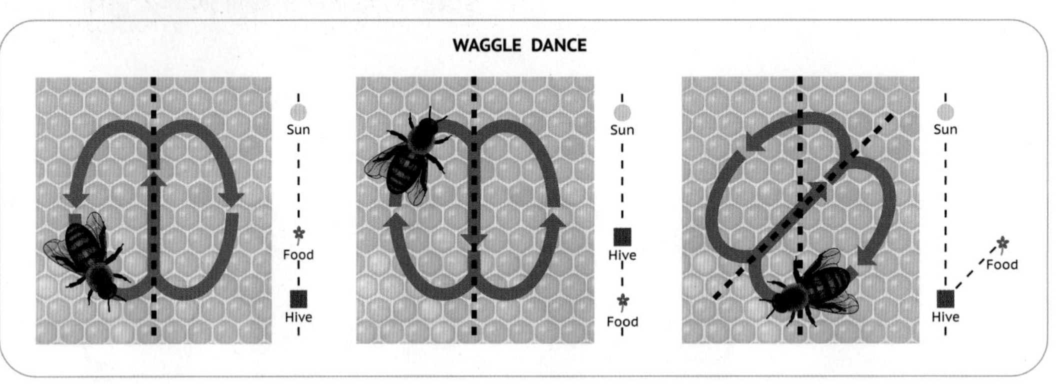

◆ 카를 폰 프리슈(Karl von Frisch) 1886~1982년 오스트리아 동물학자

꿀벌이 춤을 추면서 의사소통과 정보전달을 한다는 연구를 밝힌 학자이다.

이는 동물들의 소통 방법에 대한 연구자료로 유용하다. 1973년 노벨 생리학 및 의학상을 수상하였다. (동물의 소통 이론)

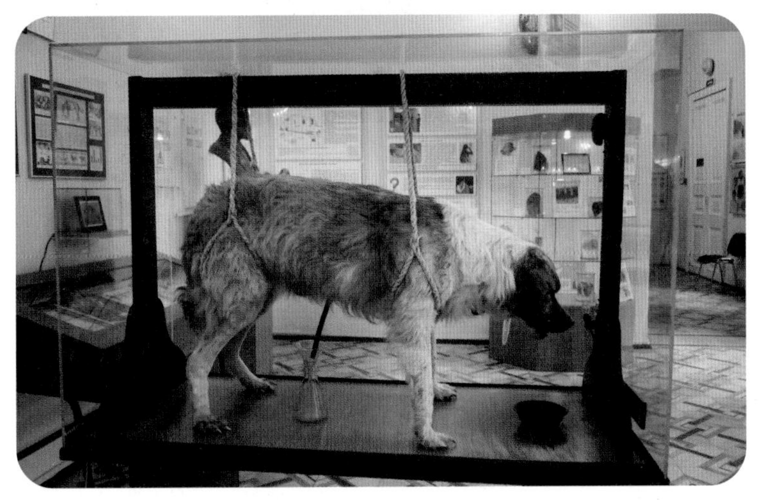

◆ 이반 파블로프(Ivan Petrovich) 1849~1936년 러시아 생리학자

'파블로프의 개' 실험은 현대에도 행동이론에 큰 역할을 한 실험 중에 하나이다.

개에게 음식을 제공할 때마다 종소리를 들려주었더니 이후에는 종소리만 들려주어도 개의 타액이 분비되는 연구로 유명한 실험이다.

타액 분비를 관찰하기 위해 실험 개의 목에 튜브를 삽입하는 실험 방법론 때문에 최근에는 논란이 되기도 한다. 현대에는 이와 같은 실험설계는 연구윤리 기준에 의해 진행할 수 없다.

하지만 파블로프의 이론은 현대에도 동물과 인간의 행동 심리 이론에서 중요한 역할을 하고 있는 것은 분명하다. (고전적 조건화 이론)

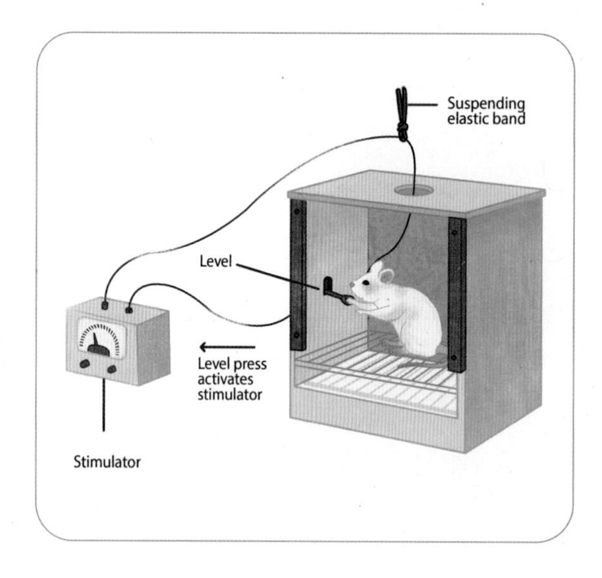

스키너(Skinner)
1904년 미국 심리학자

◆ 스키너(Burrhus Frederic Skinner) 1904~1990년 미국 심리학자

실험 도구 상자 안에 쥐를 가두어 놓고 쥐가 레버를 누르면 먹이가 나오도록 조작했더니 쥐가 레버를 누르는 횟수가 증가하는 실험은 유명한 '스키너의 쥐 상자' 실험이다.

처벌과 보상에 의해 행동 조작이 가능한 실험이었으며 현대에도 동물과 인간의 행동 심리 이론에도 사용되고 있다. (조작적 조건화 이론)

◆ **템플 그랜딘(Temple Grandin) 1947~ 미국 동물학자**

자폐증이 있는 천재 학자로 알려져 있으며 미국의 가축 시설의 3분의 1을 템플 그랜딘이 설계했다고 알려졌으며, 영화로도 다뤄진 인물이다. 현재 생존 인물이다.

템플 그랜딘은 도축장 동물 복지 감사 및 소 취급 시설 설계에 적용되는 소의 행동 관찰, 가축 도축 시 복지불량 지표로 발성 채점 활용 가능성, 도축장에서 동물 이동을 방해하는 요인, 도축 전과 도축 중 스트레스가 가축과 육질에 미치는 영향과 같은 연구들을 통해 가축 동물의 복지 향상에 크게 기여했다.

◆ 제인 구달(Jane Goodall) 1934~ 영국 동물학자

영장류 연구에서 빼놓을 수 없는 학자이다. 주로 침팬지를 연구하였으며 인간과 영장류의 인지, 발달, 사회적 활동 관계를 연구한 학자로 환경운동가로도 활동하고 있으며 현재 생존 인물이다.

현재까지 피인용 3,050회에 달하는 제인 구달의 「침팬지의 문화(Cultures in chimpanzees)」라는 연구 논문에서는 무려 151년간 침팬지를 관찰한 7개 연구를 바탕으로 침팬지의 39가지 행동 패턴이 결합된 독특한 레퍼토리를 발견했다. 이는 그전까지 인간 문화의 특징으로만 알려진 것들이 인간이 아닌 종에서도 가능하다는 걸 알아낸 연구이며 이런 연구들을 바탕으로 동물과 사람의 복지 향상에도 많은 기여를 하고 있다.

콘라트 로렌츠
1983년 오스트리아 동물 행동학자

◆ 콘라트 로렌츠(Konrad Lorenz) 1903년~1989년 오스트리아 동물학자

갓 태어난 기러기는 처음 보는 대상을 어미로 각인한다는 유명한 연구 결과를 발표한 현대의 동물 행동학에 큰 영향을 준 학자이다.

동물의 본능과 후천적 영향에 대해 연구했으며 1973년 노벨 생리학 및 의학상을 수상하였다. (비교 행동학의 창시자)

콘라트 로렌츠의 「선천적인 행동 패턴을 연구하는 비교 방법(The comparative method in studying innate behavior patterns)」은 현재까지 피인용 1,378회에 달하는 논문으로, 선천적 행동에 대한 비교 연구로 정의될 수 있는 비교 행동학의 본질과 프로그램을 설명했다.

4. 포유류의 정의

척삭동물문의 포유강에 속하는 동물을 포유류라 하며 암컷은 모유 수유를 할 수 있는 유선이 있다. 대부분의 포유류는 몸에 털이 나 있고 간혹 털이 비늘이나(아르마딜로) 가시로(호저, 고슴도치) 변형된 동물들도 있다.

고슴도치

아르마딜로

호저

◆ 포유류의 특징

포유류의 가장 큰 특징은 유선이 있어 수유를 할 수 있다는 것이며 단공류(오리너구리, 가시두더지)를 제외한 모든 포유류는 난생이 아닌 태생이다.

*단공류: 알을 낳으며, 젖꼭지가 없고 젖샘으로 수유함

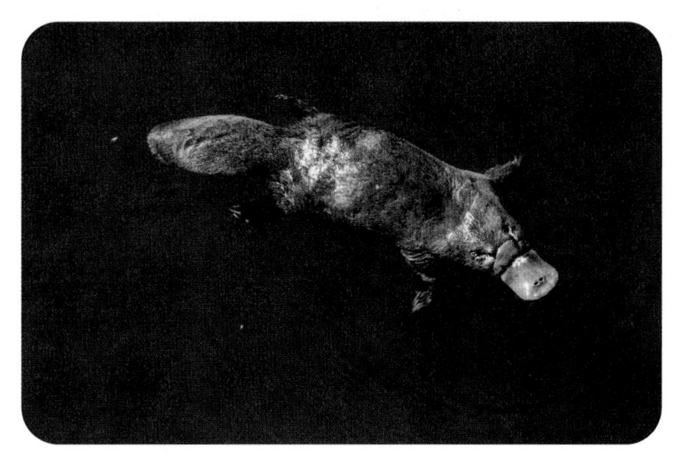

오리너구리

가시두더지

체표에는 땀샘이 있기 때문에 스스로 체온조절을 할 수 있고 심장은 2심방 2심실이다. 상온의 체온을 유지하는 온혈동물이며 대부분의 포유류는 체온의 변화가 크게 없는 정온동물이다.

조류와 다른 점은 난생이 아니고 태생이며, 총 배설강의 구조가 아니다.

*총 배설강: 항문과 요도가 합쳐진 구조로 하나의 기관에서 소화, 배설, 생식이 이루어짐.

조류는 시각이 발달했고 색채를 지각할 수 있지만 포유동물은 대부분 시각보다는 후각이 더 발달되어 있고, 야간 시력이 발달되어 있는 편이다.

파충류보다는 뇌가 크고, 뇌의 구조도 발달되어 있으며, 턱뼈가 하나로 되어 있고 날카로운 이빨이 있다. 육식, 초식, 잡식성으로 나뉘며 조성성 동물과 만성성 동물로 나뉜다. 또한 단태동물과 다태동물로 분류될 수 있다.

- **조성성 동물**: 출생과 동시에 스스로 기립할 수 있고 독립활동이 가능한 동물(기니피그, 말, 소, 염소 등)
- **만성성 동물**: 출생과 동시에 스스로 기립할 수 없으며 독립활동이 불가능한 동물(개, 고양이, 원숭이, 코끼리 등)
- **단태동물**: 한 번에 한 마리의 새끼를 출산하는 동물(말, 소, 코끼리, 원숭이 등, 간혹 쌍둥이를 출산하는 경우도 있음)
- **다태동물**: 한 번에 여러 마리의 새끼를 출산하는 동물(쥐, 기니피그, 고슴도치 등)

포유류의 주요 특징

- 머리, 목, 몸통, 꼬리로 구분되어 있다.
- 온몸은 털로 덮여있다.
- 피부에는 땀샘, 지방샘, 젖샘이 있다.
- 사지는 행동 양식에 따라 여러 가동 범위로 움직인다.
- 하악 및 상악에 이빨이 있고 앞니, 송곳니, 작은 어금니, 큰 어금니로 구성되어 있다.
- 심장은 2심방 2심실이다.
- 온혈동물이며 정온동물이다.
- 폐가 있고 성대가 있다.
- 12쌍의 뇌 신경이 있다.
- 자웅이체이고, 체내수정을 한다.

염색체 수

- 늑대 78개
- 개 78개
- 고양이 38개
- 토끼 44개
- 골든 햄스터 44개
- 시리안 햄스터 44개
- 드워프 캠벨 러시안 햄스터 28개
- 로보로브스키 햄스터 34개
- 차이니스 22개
- 드워프 윈터 화이트 러시안 햄스터 28개

*햄스터는 종류마다 염색체 차이가 있으며 염색체가 다른 종끼리는 임신 불가능

5. 개의 기원 및 가축화

◆ 개의 기원

개의 학명은 Canis Familiaris 또는 Canis Lupus Familiaris로 불리며 개과의 포유류 동물이며 식육목이다.

개의 가장 가까운 조상으로 늑대, 자칼, 코요테를 추정하지만 그중에서도 행동 양식이 가장 유사한 늑대를 조상으로 보고 있다. 늑대와 개의 품종에 따라 행동 양식은 차이가 있지만 늑대의 90가지 행동 양식 중에서 개는 71개가 유사하다고 알려져 있다.

늑대

자칼

코요테

회색늑대(말 승냥이)

또한 개와 늑대의 DNA 염색체 수는 76개로 동일하기 때문에 상황에 따라 임신도 가능하다.

늑대 중에서도 '회색늑대(말 승냥이)'를 가장 유력한 조상으로 추정하고 있으며, 기원전 약 15,000~30,000년 전에 인간이 비교적 온순한 늑대들을 길들이기 시작하면서부터 인간과 늑대가 함께 생활했다고 추정하고 있다. DNA 조사 결과로는 약 135,000년 전으로 추정하기도 하지만 현재도 가설을 검증하기 위한 연구는 진행 중이기 때문에 정확한 시기는 알 수 없다.

인간은 사냥, 경계, 모피, 고기 획득, 음식물 처리 등의 용도로 늑대를 사육했을 것이라는 가설이 있으며 그중 온순한 늑대는 길들여서 실내에서까지 함께 생활했을 것으로 추정한다.

개는 다양한 환경에서 자연스레 각 지역으로 이동하거나 인간의 이동 경로에 따라 인위적으로 전 세계로 이동 및 분포되었을 것이다. 또한 기후와 다양한 환경조건에 따라 자연적 개량 및 진화되었다. 현대에 와서는 인간의 용도에 따라 인위적 개량되어 품종이 정의되고 인간의 문화와 함께하면서 오늘날의 반려견으로 변화되고 있다.

◆ 개의 가축화

개의 가축화에 대해서는 정확히 밝혀진 바 없지만 기원전 약 15,000년~30,000년부터 시작된 것으로 추정하고 있는데, 이는 고대 시대 개의 두개골 및 턱뼈의 형태와 유전자 분석을 근거로 제시되고 있다. 이러한 연구에 따라 늑대와 개를 분류한다.

늑대는 농작물과 식량을 획득하기 위해 인간의 주거환경에 접근하였고 인간은 이러한 늑대들과 상호관계를 유지하면서 경비, 사냥 등의 용도로 활용했을 것이다. 이러한 상호작용은 특별한 유대관계를 형성하였으며, 인간은 그중에서도 온순하고 순치되는 늑대들을 사육했을 것으로 추정한다. 한 연구 결과에 의하면 동부 유라시아 지역의 늑대들이 더 많이 가축화되었을 것으로 추정했다.

미아키스

포유동물의 초기 조상인 미아키스(Miacis)는 주로 나무 위에서 생활했을 것으로 추정하는데, 환경 및 식량 자원에 따라 숲에서 초원으로 이동하여 집단생활을 시작했고 지역 환경에 따라 늑대와 고양이로 분화되었다.

늑대는 우두머리를 중심으로 집단생활을 하기 위해 의사소통 신호가 발달되었고 넓은 초원에서의 집단 활동을 위해 상호 간의 몸짓과 소리신호에 대한 이해력이 발달되었다. 또한 초원에서 생활하는 늑대는 포유류 중에서도 상위 포식자이기 때문에 지구력과 근력이 발달되었다.

당시 유목 생활을 했던 인간은 장거리 이동과 사냥 및 경계가 필요했는데 늑대는 인간을 따라 장거리 이동이 가능했고, 사냥과 경계 활동을 하면서 자연스레 인간에게 길들여지고 가축화되었을 것이다. 늑대는 인간의 음식 제공으로 스스로 사냥할 필요가 없으니 체형이 자연스레 작아지고 이에 따라 턱의 크기와 이빨의 수도 함께 줄어들었다. 또한 갑옷과도 같은 역할을 하는 털의 두께도 얇아졌다. 늑대는 인간과의 다양한 교류를 함으로써 더욱 다양한 표정과 소리를 내도록 발달되어 현대의 개로 변화되었다.

6. 고양이의 기원 및 가축화

◆ 고양이의 기원

고양이의 학명은 Felis catus로 불리며 고양이과의 포유류 동물이며 식육목이다. 고대에는 고양이를 아래와 같이 불렀다.

- 고대 이집트의 미오우(miou) → 마우(mau)
- 라틴어로는 펠리스(felis) → 케터스(catus)

고양이의 기원을 정의하려면 이집트를 빼놓을 수 없다. 고대 아프리카 이집트인들은 고양이를 숭배의 대상으로 신격화했으며 사자 머리의 여신 sekhmet(세크멧)과 고양이 머리의 여신 bastet(바스텟)을 숭배했다고 한다.

고양이의 울음소리인 "야옹"은 bastet(바스텟)에서 유래되었고 이러한 근거들은 여러 벽화들에서 볼 수 있다. 하지만 모두 가설일 뿐이니 참조만 하길 바란다.

1,700년경에는 펜실베니아의 정착민들이 설치류 퇴치용으로 고양이를 유입한 것으로 추정한다. 기원전 5,000~6,000년경 고대 이집트 벽화에 그려져 있던 고양이를

근거로 고대 이집트인들이 곡물창고의 유해 동물을 퇴치하기 위해 리비아산 야생 고양이를 기르기 시작한 것으로 보고 있다.

2004년 4월 8일자 미국 과학전문잡지 “사이언스”는 지중해의 키프로스(Cyprus) 섬의 기원전 9,500년경 유적에서 인간의 유골과 함께 매장된 고양이의 뼈를 발굴했다고 발표했다. 고양이의 몸길이는 약 30cm 정도였으며, 생후 8개월의 고양이로 추정되었다. 이 고양이는 리비아산 야생 고양이로 추정되고 뼈에 살육 흔적이 없고, 매장 위치가 사람의 유골로부터 약 40cm 가까이 있었기 때문에 애완용 고양이라는 분석을 했다.

또한 키프로스에는 야생의 고양이가 없었으니 이 고양이의 뼈는 집 고양이로 추정된다고 한다. 본 검정이 사실이라면 기원전 9,500년경부터 인간은 고양이를 가축화 또는 애완용으로 길렀다고 추정할 수 있다.

집 고양이의 조상은 북아프리카에 서식하는 리비아산 야생 고양이로 추정된다. 그중 온순한 고양이는 길들여서 실내에서도 함께 생활했을 것으로 추정하지만 고양이는 개와는 달리 단독생활을 하기 때문에 가축화되기보다는 인간의 서식지 주변에서 생활했다고 보는 것이 더욱 정확할 것이다.

고양이의 유입 시기는 동남아 및 중국은 기원전 2,000년 전~기원후 4,000년경, 일본은 기원전 999년경, 남부 러시아 및 유럽은 기원전 100년경으로 추정한다.

고양이는 다양한 환경에서 자연적으로 이동되거나 인간의 이동 경로에 따라 함께 이동되었다. 특히 무역 경로에 따라 전 세계로 이동 및 분포되었을 것이다. 이러한 인위적 이동 때문에 극동 지역과 아프리카 남극을 제외하고는 세계 거의 모든 지역에 서식한 것으로 알려졌다. 인간이 무역을 위해 선박을 이용하였고 이때 고양이가 선박으로 유입되면서 다른 지역으로 분포되었을 것으로 추정하고 있다. 이는 물을 싫어하는 고양이가 육지에서 키프로스 섬으로 이동한 것을 뒷받침해주는 근거이다.

고양이는 오랜 시간 동안 선박에서 생활하면서 인간의 잔반을 먹게 되었고 오늘날의 생선을 즐기는 습성으로 발전되었을 것으로 추정한다.

또한 기후와 다양한 환경조건에 따라 자연적 개량 및 진화되었다. 현대에는 인간의 용도에 따라 인위적으로 개량되어 품종이 정의되고 인간의 문화와 함께하면서 오늘날의 반려묘로 변화되고 있다.

모든 육식동물의 초기 포유류인

크레오돈트(creodont): 체고가 30cm를 넘지 않으며, 다리에 비해 두꺼운 목과 긴 몸을 가지고 있는 근대 육식동물의 조상

⬇

미아키스(miacids): 6000만 년 전 크레오돈트보다 두 배 크기

⬇

수다이루러스: 2000만 년 전 미아시즈보다 크고 유연

⬇

펠리스넨시스: 1200만 년 전 야생고양이과 직계조상

⬇

근대 고양이

출처: 박민철.

고양이의 역사는 개보다는 짧은 편이지만 최근에는 고양이의 반려 가구가 급속도로 증가하고 있으며, 일본의 경우는 개보다는 고양이의 반려 가구가 더 많은 것으로 전해진다.

그 이유로는 고양이는 개에 비해서 규칙적인 산책이 필요 없고, 소식하며, 개처럼 크게 짖지는 않는다. 비교적 화장실을 스스로 잘 가리는 편이기 때문에 최근에는 고양이를 반려하는 인구가 늘고 있다.

고양이 공인 품종은 각 단체마다 공인 기준이 다르지만 전 세계 공인 품종은 100여 종으로 추산한다. 세계적으로 유명한 단체는 '고양이 애호가 협회'와 '국제 고양이 협회'가 있다. 한국에는 2001년도에 '한국 고양이 협회'가 설립되었고 국제 고양이 협회의 업무를 대행하고 있다고 한다.

- 고양이 애호가 협회(Cat Fanciers' Association, CFA, 1906년 미국 설립, 북미에서 가장 권위 있는 혈통 고양이 등록 협회)
- 국제 고양이 협회(TheInternational Cat Association TICA, 1979년 미국 설립, 세계에서 가장 큰 고양이 유전자 등록부)
- 한국 고양이 협회(Korea Cat Club, KCC, 2001년 한국 설립, TICA 한국 지부)

◆ 고양이의 가축화

고양이는 개와 달리 가축화가 되기는 어려운 동물이다. 그 이유로는 가축화를 하기 위해서는 대량 축산이 가능해야 하는데 고양이는 단독생활을 즐기며, 대량 사육 시 스트레스로 인한 여러 가지 문제들이 발생하기 때문이다. 물론 현대의 고양이들은 인간의 생활환경에 따라 2마리 이상 반려하는 가정도 늘고 있지만 가축화 및 대량 사육을 하기에는 행동 및 생태학적으로 부적합한 편이다.

때문에 고양이는 개와는 달리 유해 생물 퇴치용으로 이용되고 그 과정에서 인간과의 상호관계가 형성된 것으로 본다.

고양이도 개와 마찬가지로 농작물과 식량을 얻기 위해 인간의 거주지에 접근하였고 인간은 고양이가 유용한 동물이라 판단되어 적당한 관계에서 함께 생활해 온 것으로 추정한다. 그중에서도 성격이 온순하고 인간과의 상호관계 및 유대관계가 형성된 고양이는 퇴치용이 아닌 애완동물로 함께 생활했을 것이다.

최초로 인간과 함께하면서 유대관계가 형성된 고양이는 '외출 고양이'이다. 고양이는 개처럼 묶어서 기를 수가 없기에 자연 방사 상태에서 인간과 함께했고 자연스레 길들여졌을 것이다.

고양이는 방사 상태에서 외부 활동과 실내 활동을 동시에 했다. 인간이 제공하는 식량과 안락함 때문에 고양이는 인간과의 유대관계를 형성하게 되었다.

스스로 사냥할 필요가 없으니 체형이 자연스레 작아지고 갑옷과도 같은 역할을 하는 털의 두께도 얇아졌다. 또한 인간과의 다양한 교류를 함으로써 고양이는 더욱 다양한 표정과 소리를 내도록 발달되어 현대의 고양이로 변화되었다.

1. 행동 지근요인: 행동 Mechanism 연구 분야
2. 행동 궁극요인: 행동 의미 연구 분야
3. 행동 발달: 행동 개체 발달 연구 분야
4. 행동 진화: 행동 진화 연구 분야
5. 일상생활에서의 행동 발달을 판단하는 방법

02

동물 행동학의 분야

동물 행동학은 현재에도 연구 중인 분야이고 현재도 기초 단계이기 때문에 누구도 명확한 정의를 내리는 것은 어렵다. 더군다나 반려동물 행동학은 더욱이 그렇다.

국내에서는 반려동물 행동학을 연구하는 학자는 매우 드물기 때문에 본 교재에서 설명하고자 하는 '동물보건 행동학'을 집필하기에는 많은 어려움이 있는 것은 사실이다. 때문에 필자는 집필 과정에서 '가설, 검정, 추정'이라는 단어를 자주 사용할 수밖에 없는 점 참고하길 바란다.

본 목차부터는 최근까지 연구했던 학자들의 객관적 사실과 필자의 실무 경험을 최대한 이론에 근거하여 설명하도록 하겠다.

1. 행동 지근요인: 행동 Mechanism 연구 분야

개와 고양이의 여러 가지 행동들이 어떤 원리에 의해 일어나고 어떤 의미인지 분석이 되어야만 동물의 행동에 대한 이해, 응대, 조치 및 보호자(내담자) 상담이 이뤄질 수 있다. 본 교과목에서는 행동 지근요인과 궁극요인에 대해 중점적으로 다루고자 한다.

행동 지근요인 예

① 수컷 개는 왜 기둥, 나무, 벽면에 배뇨하는가?
② 수컷 개는 왜 한쪽 다리를 들고 배뇨하는가?
③ 왜 한 번에 배뇨하지 않고 나누어서 하는가?
④ 생물학적으로 요의를 느껴서 배뇨하는가?
⑤ 천둥이 치면 왜 두려워하는가?

2. 행동 궁극요인: 행동 의미 연구 분야

행동 궁극요인 예

① 수컷 개는 다른 동물에게 정보전달 및 영역표시를 하기 위해 사물의 높은 위치에 표식을 한다.
② 수컷 개는 한쪽 다리를 들어야 높은 곳에 배뇨 표식을 할 수 있다.
③ 더욱 넓은 영역을 확보하기 위해 적은 양의 배뇨를 여러 번 나누어서 한다.
④ 요의를 느끼지 않아도 영역표식 관련 배뇨를 할 수 있다.
⑤ 천둥 칠 때 발생하는 굉음과 진동 때문이다.

물론 우리는 동물에게 직접 이유를 듣지 못하기 때문에 위의 결론이 정답이라고 할 수는 없지만 행동요인에 접근을 할 수는 있다.

일상생활에서의 질문과 답변 예

질문: 왜 화장실을 이용하지 않고 집 안 곳곳에 배뇨할까?

답변: 자신의 영역을 확장 또는 보존하기 위한 행동으로 분석할 수 있다.

질문: 병원 다녀온 이후로 갑자기 배뇨를 아무 곳에 한다.

답변: 이 경우는 지근요인과 궁극요인에 해당될 가능성이 크다.
개와 고양이는 배뇨를 함으로써 자신의 정동 상태를 표현하기도 하기 때문이다.
또한 불안감에 의한 영역성 배뇨를 할 때도 있다.

개와 고양이는 스트레스를 받았거나 원치 않는 자극 또는 예견되지 않은 내, 외부의 자극을 받았을 경우 자신의 감정 상태를 표현하기 위해 지정 장소에 배설하지 않고 반려자가 예민해하는 곳에 표식하는 경우가 있다. 또한 생리학적으로 교감 신경계와의 상관성도 생각해 볼 수 있다. 동물의 마음을 정확히 알 수는 없지만 위와 같은 방법으로 해석에 접근해 볼 수 있겠다.

이와 같은 원리를 연구하는 분야가 동물 행동학의 연구 분야 중에서 지근요인과 궁극요인이다. 동물의 행동 분석을 하기 위한 필수 연구 분야이며, 특히 동물보건사의 직무를 수행하기 위해서는 필수로 알아두어야 할 분야이다.

질문 예

- 반려견을 목욕시키려고 욕실에만 데리고 들어가도 매우 공격적인 행동을 한다.
- 이동장에 넣으려고만 하면 매우 공격적인 행동을 한다.
- 얌전하던 고양이가 동물병원만 방문하면 예민해지고 공격적인 행동을 한다.
- 드라이기만 봐도 숨어 버린다.
- 브러시만 봐도 숨어 버린다.
- 차량에 탑승만 했는데도 매우 불안해하고 대소변을 지린다.

답변

이 경우는 다양한 요인을 생각해 볼 수 있다. 예컨대 동물병원을 가기 전에 집에서부터 했던 여러 가지 예비 행동들을 생각해 볼 수 있다(목욕, 드라이, 브러싱, 이동장에 넣기, 차량 탑승 등등).

이 고양이는 병원 방문 전에 이미 반복적인 스트레스에 노출된 상황이다. 이런 상황에서 병원에 방문했을 때 또 다른 환경변화 때문에 2차, 3차의 자극을 받게 된다. 청각과 시각에 예민한 고양이의 입장에서는 스트레스를 받을 수밖에 없다(낯선 동물 및 사람과의 만남, 냄새, 불쾌한 핸들링, 진료, 치료, 투약 등등).

이러한 경험은 반복될수록 기억의 원리에 의해 단기기억이 장기기억으로 발전하여 여러 상황들을 연상하게 된다. 향후에는 차량에 탑승만 해도 동물병원을 연상하게 될 수도 있다.

이렇듯 동물의 행동을 이해하기 위해서는 반드시 원인을 분석해야 하는데 문제행동이 발생하기 전의 시점에서부터 찾아본다.

본 과목이 동물보건 행동학인 만큼 병원에서의 다양한 문제행동 및 돌발행동의 사례들을 충분히 소개하겠다.

예를 들어, 동물병원의 직원이 개의 체중을 측정하기 위해 개의 몸에 핸들링을 했더니 공격적인 행동을 한다. 개가 공격적인 행동을 할 때에는 여러 가지 원인이 있을 수 있다.

① 개는 애초부터 보호자 외에는 타인의 핸들링을 허락하지 않거나

② 내원 전에 이미 여러 가지 예비 행동들로 인해 과도한 스트레스에 노출되었거나

③ 동물병원 직원의 핸들링 방법 및 개를 다루는 방법에 문제가 있을 수도 있다.

3. 행동 발달: 행동 개체 발달 연구 분야

동물이 태어난 순간부터 시간 흐름에 따른 행동변화를 연구하는 분야이다. 동물의 발달은 조성성 동물과 만성성 동물에 따라 나뉠 수 있다.

◆ 행동 발달

개체발생에서의 행동의 가소성이란, 어느 시기에 기억이 형성되고 이후에 필요에 따라 그 기억이 상기되는 현상을 말한다.

예 병아리는 부모의 소리를 듣고 뇌에 기억

예 지역에 따라 울음소리가 다른 “울음새”

하지만 포유류의 발달은 좀 다르다.
조성성 동물은 태생 직후 운동계 및 감각계가 거의 발달된 상태(단태동물)이고,

예 소, 말

만성성 동물은 시간이 지남에 따라 발달, 학습요소의 비중이 크다(다태동물).

예 개, 고양이

사람을 잘 따르는 수컷 고양이의 새끼들은 사람을 잘 따를 확률이 높다.
동물의 행동을 결정하는 데에는 결국 타고난 천성과 후천적 환경은 모두 중요하다.

◆ 개의 행동 발달

❶ 신생아기

출생~2주(촉각, 체온 감각, 미각, 후각, 시각, 청각 미발달 상태)

이 시기에는 핸들링에 의해 성장 후 스트레스 저항성/정동적 안정성/학습능력이 개선된다.

❷ 이행기

생후 2~3주(시각, 청각 반응)

독자적 배설이 가능하고 동배종 간의 놀이, 소리신호/행동신호를 표현할 수 있다.

❸ 사회화기(결정적 시기, 최대 6개월까지)

생후 2주~3개월(촉각, 체온 감각, 미각, 후각, 시각, 청각 발달 상태)

사회적 행동을 학습하고, 감각기능/운동기능과 섭식/배설행동이 발달, 이종 간에도 애착 관계 형성이 가능하고, 장소에 애착이 생긴다.

초기: 2~5주, 낯선 대상에게 공포심/경계심 약함

중기: 6~8주, 감수기의 절정

후기: 9~12주, 감각기관을 통해 받아들이는 대부분의 것들을 인식하고 고정됨.

④ 약령기

보편적으로 3~12개월이나 견종/개체에 따라 차이가 있다.

복잡한 운동패턴을 학습하고 이해가 가능하다.

⑤ 성숙기

생후 12개월 이후, 신체적으로 대부분 완성되고 행동이 고착된다.

안정된 정상행동이 가능한 시기이다.

⑥ 고령기

7~10세 전후, 소대형 견종에 따라 차이가 있으며, 감각기관, 신경, 근육, 소화계, 비뇨기계, 심혈관계의 노화 및 기능 저하로 운동, 반응, 인지, 학습 등의 능력도 저하되고 노화에 의한 인지장애가 올 수도 있다.

◆ 고양이의 행동 발달

❶ 신생아기

출생~2주, 촉각, 체온감각, 미각, 후각은 발달하지만 시각, 청각은 완전히 발달되지 않은 상태이다.

독자적 배설이 불가능하다(생식기 그루밍).

이 시기 적절한 접촉에 의해 성장 후 핸들링 및 정서적 안정화가 가능하다.

생후 2주간은 체온조절이 안 되어 동배종들과 붙으려는 행동을 보인다.

입위 반사는 출생 직후부터 보인다.

입위 반사: 뒤집혔을 때 스스로 일어나는 행동. 생후 40일경에 공중 입위 반사 완성.

굴곡반사: 목덜미를 잡아 올릴 때 몸을 동그랗게 마는 행동(이소의 편이성)

❷ 이행기

생후 2~3주, 시각 및 청각이 발달하고, 독자적 배설이 가능하다.

동배종 간의 놀이, 소리신호 및 행동신호 표현이 가능하다.

3주 전후로 걷고, 오르려고 한다.

발톱을 자유자재로 넣고 뺄 수 있다(생후 2주까지 발톱을 집어넣지 못하지만 3주째는 가능).

❸ 사회화기(결정적 시기, 최대 6개월까지)

생후 3주~3개월, 사회적 행동을 학습하고, 감각기능 및 운동기능이 발달하고, 섭식 및 배설행동이 발달한다.

사람, 동물, 사물, 환경에 대한 적응 및 애착 형성이 가능하다.

❹ 약령기

생후 3~12개월, 묘종 및 개체에 따라 차이가 있으나 복잡한 운동패턴 및 학습을 이해하고, 전신 몸단장을 한다(Grooming).

❺ 성숙기

생후 12개월 이후, 신체적으로 대부분 완성되고 행동 고착, 안정된 정상행동이 가능하다.

매우 협소한 틈새로 숨거나 드나드는 행동을 하며, 자신의 체고보다 몇 배나 높은 곳으로 오르는 행동을 한다.

❻ 고령기

7~10세 전후, 묘종에 따라 차이가 있으나 감각기관, 신경, 근육, 소화계, 비뇨기계, 심혈관계의 노화 및 기능 저하로 운동, 반응, 인지, 학습 등의 능력도 저하되고 노화에 의한 인지장애가 올 수도 있다.

◆ 고양이 행동 발달 특징

정위반사

고양이가 60cm의 높은 곳에서 낙하하였을 때 네 발로 바르게 착지하는 행동을 "정위반사"라고 한다.

즉각반사

머리, 가슴, 앞다리 순서로 몸을 뒤집어 앞다리로 먼저 착지한다.

스크래치

발톱으로 물체를 긁어서 표식(스크래치)하고 사냥 준비를 한다.

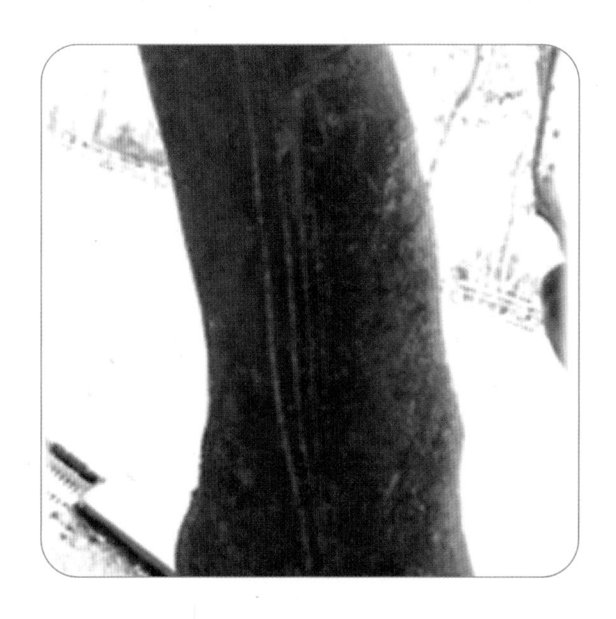

출처: 박민철.

4. 행동 진화: 행동 진화 연구 분야

동물의 특정 행동과 시기의 진화론적인 연구이다.

예 개의 꼬리 흔들기는 어느 시기에서부터 시작되었을까?

5. 일상생활에서의 행동 발달을 판단하는 방법

- 물체의 움직임을 인식하고 그에 대한 반응도
- 집 안의 물리적 환경에 적응도
- 생활 소음 및 굉음에 대한 적응도
- 많은 사람, 특히 남성, 어린이에게 핸들링 수용 정도

1 자극의 정의

2 고전적 조건화

3 역 조건화

4 탈 감각화/탈 감작화/둔감화

5 체계적 둔감화

6 조작적 조건화

7 강화, 처벌

8 강화 스케줄 및 분류

9 학습의 4가지 원리

10 학습의 5가지 분류

11 보상/보상작용

12 보상 타이밍

13 소거 버스트

03

동물 행동이론 및 학습 원리

동물이 학습을 할 때 적용되는 행동학적 이론들이 몇 가지 있는데, 본 이론은 파블로프(Pavlov), 스키너(Skinner), 울페(Wolpe)와 같은 연구자들의 행동학습 이론들이다.

동물의 행동이론을 이해하기 위해서는 자극에 대한 개념부터 알아야 한다.

1. 자극의 정의(Stimulus)

자극은 동물에게 직/간접적으로 물리적, 화학적, 사회적인 영향을 주어 동물의 생리적, 해부학적 구조물, 심리적 작용에 영향을 주는 것이다.

동물은 자극 수용체(통점, 압점, 온점, 냉점, 미뢰, 감각세포 등)를 통해 감각의 유형에 따라(시각, 청각, 후각, 미각, 촉각) 적합한 자극을 받는다. 자극은 개체의 유전적 요인, 종, 경험, 학습, 건강상태, 성별, 나이, 사회적 상황에 따라 다르게 반응할 수 있다.

◆ 자극의 종류

자극의 종류는 크게 4가지로 분류할 수 있다.

❶ 물리적/기계적 자극(중력, 압력, 열, 소리, 빛, 회전, 전기)

주로 시각, 청각, 후각, 촉각에 영향을 끼친다.

❷ 화학적 자극(기체, 액체 상태의 화학물질, 냄새)

주로 미각에 영향을 끼친다.

❸ 자연적 조건: 기후(온도, 습도, 일조량, 일사량, 바람, 기압)

주로 시각, 청각, 후각, 촉각에 영향을 끼친다.

❹ 사회적 상황: 동물, 식물, 생물, 인간 등 모든 유기체

주로 시각, 청각, 후각, 미각, 촉각에 영향을 끼친다.

◆ 자극 일반화(Stimulus Generalization)

동물이 유사한 자극에도 동일한 반응을 나타내는 것을 자극 일반화라고 한다.

예 남자 배달원을 보고 짖는 개가 외부의 남자를 보고 짖을 수도 있다.
가운을 두려워하는 고양이가 수의사의 가운을 보고 두려워할 수도 있다.

머리가 짧은 사람에게 폭행을 당한 사람은 이후에 머리가 짧은 사람만 봐도 두려운 증상이 나타나는 현상, 검은 정장을 입으면 '장례식'이 떠오르는 현상, 국방색 옷을 입으면 '군인'이 떠오르는 현상, 고양이의 경우는 동물병원을 방문하기 위해서는 이동장이 필수인데, 이동장을 두려워하는 고양이에게 이동장 비슷한 모양의 물건만 보여줘도 두려운 반응을 나타내는 현상.

이런 경우 우리는 동물의 행동이론의 원리를 적용하여 문제행동을 교정할 수 있다.

◆ 동물의 행동이론

이 파트에서는 동물 행동학에서 자주 사용되는 이론들을 소개하고자 한다. 행동이론은 아직 체계화되어 있지 않고 연구 중인 분야이며 야생 및 가축 동물이 아닌 반려동물을 행동이론에 따른 실무사례에 응용하는 것은 쉽지 않다. 때문에 본 내용에서는 학습자의 이해를 돕기 위해 각각의 행동이론을 실무사례에 최대한 응용하고 소개한다.

2. 고전적 조건화(Classical Conditioning)

동물행동과 심리학에서 많이 연구하는 학습 형태 중 하나이다. 자극과 반응 간의 연결을 형성하는 과정으로, 조건자극(Conditional Stimulus, CS)과 조건반응(Conditional Response, CR) 사이의 연관성을 강화시킨다.

고전적 조건화는 '파블로프의 개'라는 실험에서 연구되었다. 개에게 종소리를 들려줄 때마다 음식을 제공했을 때, 개는 종소리만 들어도 타액이 나왔다. 이렇듯 자연적으로 일어나는 반사적인 반응(타액)을 일정한 자극(종소리)과 연결시켜 새로운 반응(종소리=타액)을 형성하는 과정을 말한다. 반대로 개에게 종소리를 들려주고 전기적 자극을 준다면, 개는 종소리만 들어도 두려움을 느낄 수도 있다.

처음에는 개가 종소리에 반응하지 않았지만, 여러 번 반복하여 음식과 종소리를 연결하면 개는 종소리만 들어도 침을 흘리게 된다. 이렇게 종소리와 음식을 연결하여 종소리만 들어도 침을 흘리는 반응으로 만드는 것이 고전적 조건화이다.

고전적 조건화는 우리 일상에서도 많이 볼 수 있는 현상이다. 예를 들어, 맛있는 음식을 보면 배가 고파지는 반사적인 반응이 있다. 그리고 어떤 노래를 들으면서 음식을 먹었다면, 이후에는 그 노래를 듣기만 해도 배가 고픈 느낌이 들 수 있다. 노래와 음식이 연결된 것이다. 때문에 배고픈 반응이 일어나는 것인데, 이러한 반응을 '조건반응'이라고 한다. 어떠한 조건에 의해 일어나는 반응이기 때문이다. 이렇게 음식에 대한 반사적인 반응과 노래를 연결하여 노래에 대한 조건화된 반응을 형성한 것이 고전적 조건화이다. 라면을 먹을 때마다 김치를 곁들여 먹었다면 이후에는 김치만 봐도 라면 생각이 나는 것과 같은 원리이다.

고전적 조건화는 동물훈련, 행동교정, 심리분석 등에 널리 사용되며, 동물의 행동과 감정을 이해하고 예측하는 데 도움을 준다. 우리가 인지하지 못하는 문제행동들이 고전적 조건화에 의해 일상생활에서 자연스레 발생하기도 하고 인위적으로 발생되기도 한다. 이렇듯 고전적 조건의 원리를 이용하여 반려동물의 다양한 문제행동을 교정할 수 있다. 또한 원하는 행동으로 조작(훈련, 교육)할 수도 있다. 때문에 고전적 조건 이론은 행동이론에서 매우 중요하다.

일상생활에서 다양한 예시를 찾아볼 수 있다.

고전적 조건화 키워드

침대 = 졸음
화장실 = 요의
겨울 = 따듯한 옷
여름 = 짧은 옷
주사기 = 병원

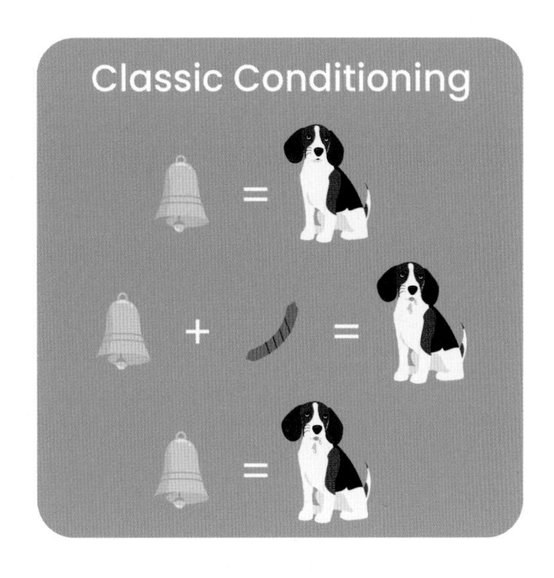

'파블로프의 개' 실험처럼 '고전적 조건화' 이론을 반려동물에게 응용해보자.

고전적 조건화 응용 예

산책 갈 때마다 개에게 리드 줄을 하면 이후에는 리드 줄만 보여줘도 개는 유쾌한 반응을 한다.

개에게 간식을 줄 때마다 때마다 '간식'이라고 말을 하면 이후에는 '간식' 소리만 들어도 개는 유쾌한 반응을 한다.

고양이에게 간식을 줄 때마다 간식 포장지 소리를 내면 이후에는 포장지 소리만 들어도 고양이는 유쾌한 반응을 한다.

고양이에게 목욕을 시킬 때마다 '목욕'이라고 말을 하면 이후에는 '목욕' 소리만 들어도 고양이는 불쾌한 반응을 한다.

고전적 조건화를 습득하기 위해서는 3가지 자극에 대해 이해해야 한다.

◆ 무조건 자극이란?(Unconditioned Stimulus)

동물이 그 어떠한 학습 없이도 특정 자극에 자연스럽게 반응하는 것이다. 동물의 생리적, 본능적인 요인, 종의 특성과 관련이 있다.

무조건 자극의 특징

무조건 자극은 동물의 자연스러운 반응을 유발하며 어떠한 학습 없이도 무조건 자극에 반사 반응하게(무조건 반응) 된다. 때문에 무조건 자극과 무조건 반응은 서로 뗄 수 없는 관계이다. 무조건 자극은 동물의 생리적, 본능적인 반응을 유발하기 때문에 어떠한 학습이 필요 없다.

예 바늘로 찌르면 통증을 느끼는 것

바늘(무조건 자극), 통증 느낌(무조건 반응)

예 고양이가 공포를 느끼면 구석으로 숨는 것

공포(무조건 자극), 구석으로 숨는 행동(무조건 반응)

무조건 자극은 유사한 자극에 동일한 반응을 하게 된다.

예 우체부를 보고 놀란 개가 택배 기사를 보고 놀라는 것

우체부(무조건 자극), 놀라는 행동(무조건 반응)

택배 기사(무조건 자극), 놀라는 행동(무조건 반응)

무조건 자극에 대한 동물의 반사반응(무조건 반응)은 대개는 즉시 나타난다. 동물은 자극을 인지하고 즉시 반응한다.

예 우체부를 보고 놀란 개가 택배 기사를 보고 즉시 놀라는 것

무조건 자극은 동물의 생존, 번식, 환경적응, 사회활동 등과 연관이 있기 때문에 동물의 행동이 조절된다.

무조건 자극의 예

시각(시각): 색깔, 빛, 움직이는 물체 등

청각(소리): 경적, 음악, 굉음, 대화, 차량 소음 등

후각(냄새): 음식 냄새, 약물 냄새, 향수 등

미각(맛): 쓴맛, 단맛, 짠맛 등

감각(촉각): 터치, 찬바람, 냉수, 통증, 압각 등

감정: 기쁨, 슬픔, 외로움, 분노, 두려움, 좌절 등
사회적: 고립, 대화, 단절, 관계, 격리, 칭찬, 처벌 등

무조건 자극과 무조건 반응의 예

*밑줄(무조건 자극), 굵은 글씨(무조건 반응)

음식: 동물이 음식을 보면 배고파서 **침을 흘리는 반응**
물: 동물이 갈증을 느낄 때 **물을 찾으려는 반응**
휴식: 동물이 피곤할 때 **앉거나 누우려는 반응**
수면: 동물이 피곤할 때 **수면을 취하려는 반응**
배설: 동물이 배설 욕구를 느낄 때 배설 장소를 **탐색하려는 반응**
번식: 동물이 발정기일 때 구애 및 **번식 관련 행동반응**
소리: 동물이 공포스러운 소리에 **공격하거나 회피하려는 반응**
빛: 고양이가 밝은 빛을 봤을 때 **눈을 감거나 빛을 피하려는 반응**
온도: 동물이 추울 때 **따듯한 곳을 찾으려는 반응**
촉감: 동물이 벌레에 물렸을 때 **몸을 터는 반응**
냄새: 동물이 발정기 때 서로 **냄새를 맡으려는 반응**
동종: 동물이 동종을 만났을 때 **가까이 다가가려는 반응**
위험: 동물이 위험한 상황일 때 **회피하거나 방어하는 반응**
구속: 동물이 어떤 공간에 구속되었을 때 **탈출하기 위해 노력하는 반응**
색상: 동물이 어떤 색상에 **경계하거나 회피하는 반응**

◆ 중립자극이란?(Neutral Stimulus)

조건화되기 이전의 자극이자 조건화를 유발시킬 수 있는 자극이며 동물이 처음에는 특별한 반응을 보이지 않는 자극이다. 즉, 동물에게 아무런 의미나 반응을 유발하지 않는 자극을 의미한다. 중립자극은 학습과 경험을 통해 다른 자극과 연결되어 연관성을 형성하고 반응하게 한다.

예를 들어, 개의 입장에서 종소리는 처음에는 중립자극이다. 개가 종소리를 들었을 때 처음에는 특별한 반응을 보이지 않았다. 그러나 종소리와 함께 음식을 제공하는 반복된 경

험을 통해 개는 종소리를 음식의 신호로 학습하게 된다. 이후에는 종소리만으로도 개는 침을 흘리는 반응을 보이게 되는데, 이때 종소리는 중립자극에서 조건자극으로 변한 것이다.

중립자극은 동물이 특정한 상황에서 연결되는 다른 자극과 함께 학습되어 의미를 갖게 된다. 학습과 경험을 통해 중립자극은 조건자극이 될 수 있고, 동물의 반응을 유발할 수 있다. 중립자극은 학습 과정에서 중요한 역할을 하며, 동물의 행동과 반응을 조절하는 데 영향을 미친다. 중립자극은 동물의 성별, 나이, 건강상태, 종, 경험, 학습, 사회적 상황에 따라 다를 수 있다.

예 어떤 개는 종소리가 중립자극일 수 있으나 어떤 개는 종소리만 들어도 공포스러울 수가 있기 때문이다.

◆ 조건자극이란?(Conditional Stimulus)

조건자극은 동물이 학습과 경험을 통해 연관된 자극과 반응을 학습하는 것이다. 조건자극에 의한 조건반응이 일어나기 때문에 둘의 관계는 뗄 수 없다.

조건자극의 특징

*'파블로프의 개' 실험의 예

이 실험에서 종소리는 중립자극이었지만 반복되는 경험에 의해 조건자극으로 전환되었다.

조건자극(종소리)은 동물을 무조건 자극(음식)과 연관시켜 조건반응(타액 분비)을 학습하는 것이다. 동물이 자극들 사이의 연관성을 생각하고 결합하는 것이다. 조건자극은 동물이 과거의 경험 및 학습에 기반하여 반응을 보인다. 동물은 자극과 특정한 반응 간의 연결을 배우고 기억한다. 때문에 동물은 새로운 자극을 인지하고 이에 따라 반응을 조절할 수도 있다. 이처럼 조건자극은 동물의 행동을 증가 및 감소시켜서 경험과 학습을 하게 되고 이러한 원리는 동물의 생존과 번식에 영향을 끼친다.

조건자극의 예

개에게 손가락을 보여주었을 때 개가 자리에 앉으면 간식을 주었다.

*처음에는 개가 손가락과 앉는 행동의 연결을 할 수 없다.

하지만 이 행동을 반복할수록 개는 손가락만 보여주면 앉는 반응을 보인다.

손가락은 '조건자극'이고, 앉는 행동은 '조건반응'이다.

개에게 손가락과 간식은 무관했지만 반복 경험에 의해 연관성을 형성하였다.

우리 일상에서의 예를 들어보자.

어느 학생이 노트에 글씨를 예쁘게 쓸 때마다 선생님이 칭찬을 해주었다.

*처음에는 글씨가 중립자극이다. 하지만 선생님께 칭찬을 받게 되면서 글씨를 예쁘게 쓰는 행동을 하게 되었다. 이제 글씨는 칭찬과 연결된다.

글씨는 중립자극에서 조건자극으로 전환되었고 학생은 글씨를 예쁘게 쓰는 행동을 한다.

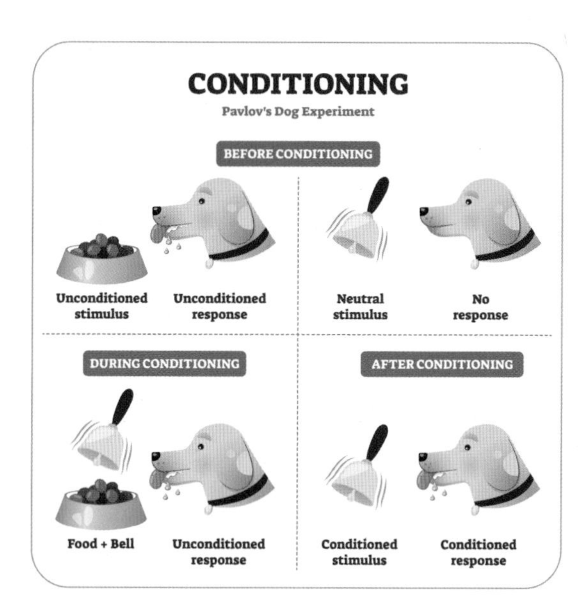

고전적 조건화의 3가지 자극

① 조건자극(Conditional Stimulus, CS)

② 중립자극(Neutral Stimulus, NS)

③ 무조건 자극(Unconditioned Stimulus, US)

고전적 조건화의 2가지 반응

① 조건반응(Conditioned Response, CR)

② 무조건 반응(Unconditioned Response, UR)

종소리 = 중립자극(최초 종소리는 음식 및 타액 분비와는 연관성이 없다)

음식 = 무조건 자극(음식은 타액을 분비시키는 연관성이 있다)

*이후 반복 경험에 의해 종소리가 조건자극으로 전환되었다.

종소리(조건자극) = 타액 분비(조건반응)

*종소리만 들어도 타액이 분비되도록 연결되었다.

즉 종소리와 타액은 연관성이 없는데 연관성이 있도록 연결되어 조건반응을 형성하였다. 즉 아무 의미 없던 종소리가 타액 분비(침 흘림)를 하도록 만든 결과이다.

개가 산책할 때 리드 줄만 보여줘도 흥분하는 경우, 리드 줄을 보여주는 행위가 '조건자극'이다. 리드 줄을 보는 순간 개는 산책에 대한 기대감(조건반응)을 가지기 때문이다. 여기서 산책에 대한 기대감은 '무조건 자극'이다.

조건자극은 기존에 중립적인 자극이지만 조건적 학습을 통해 다른 자극과 연관시켜서 특정한 반응을 유도할 수 있는 자극을 말한다. 개의 경우, 리드 줄은 보통 산책과 관련된 활동을 함께하는 시간과 연결되어 나타나는 자극이다.

처음에는 리드 줄은 중립적인 자극일 수 있지만, 산책을 하기 위해 줄을 가져오는 행위와 리드 줄과의 연결을 반복하면서 개는 리드 줄을 산책을 하기 위한 예비 신호로 인식하게 된다. 그러므로 리드 줄 자체가 조건자극이 된다.

또한 개가 리드 줄을 보는 순간 산책에 대한 기대감을 가지는 것은 조건반응이다. 개는 리드 줄을 보는 것과 산책을 함께하는 경험을 반복함으로써 리드 줄과 산책 간의 연결을 형성하고, 이로 인해 리드 줄을 보는 순간 산책에 대한 기대감을 갖게 된다.

따라서, 리드 줄을 보여주는 행위는 조건자극이며, 리드 줄을 보는 순간 개가 산책에 대한 기대감을 가지는 것은 조건반응으로 볼 수 있다.

다음의 예제를 보고 학습이론의 원리에 따라 분석해 보자.

예 **결과:** 사랑했던 사람과 자주 들었던 아무 의미 없던 노래가 헤어진 후에는 그 노래를 듣기만 해도 눈물이 난다.

원인: 사랑하는 사람을 만날 때마다 그 노래를 자주 들었기 때문이다.

학습이론 분석

중립자극(Neutral Stimulus): 이 상황에서 "아무 의미 없던 노래"는 중립자극이 될 수 있다. 처음에는 이 노래에 대한 반응은 중립적이었으며, 사랑했던 사람과의 연결이 없었다.

조건자극(Conditioned Stimulus): 하지만 사랑하는 사람과 함께 들었기 때문에 의미 없던 노래(중립자극)가 조건자극으로 바뀌었다. 때문에 "아무 의미 없던 노래"가 조건자극이다.

조건반응(Conditioned Response): "눈물이 나는 반응"이 조건반응이 될 수 있다. 헤어진 후에 노래를 들을 때 눈물이 나는 반응이 생기게 되며, 이는 사랑했던 사람과의 기억과 감정적인 연결로 인해 조건화된 반응이다.

무조건 자극(Unconditioned Stimulus): 이 상황에서 "사랑했던 사람"이 무조건 자극이 될 수 있다. 이 사람은 사랑과 관련된 감정을 일으키며, 헤어진 후에도 강한 감정적인 연결을 가지고 있기 때문이다.

무조건 반응(Unconditioned Response): "감정적인 반응"이 무조건 반응이 될 수 있다. 사랑했던 사람과의 기억과 감정은 여전히 존재하며, 이에 따라 노래를 들을 때 눈물이 나는 반응이 생긴다.

즉, 이 상황에서는 노래가 중립자극에서 조건자극으로 변화하게 되어 눈물이 나는 조건반응을 유발하게 되었다. 동시에 사랑했던 사람은 무조건 자극으로 작용하여 감정적인 반응을 일으키는 것으로 해석할 수 있다.

예 **결과:** 미용을 할 때마다 맥박이 빨라지는 동물에게 미용 도구만 보여줘도 맥박이 빨라진다.

원인: 미용 도구를 보여줄 때마다 미용을 했기 때문이다.

중립자극(Neutral Stimulus): 이 상황에서 "미용 도구"가 중립자극이 될 수 있다. 처음에는 이 도구에 대한 반응은 중립적이었으며, 동물의 맥박과 직접적인 연결이 없었다.

조건자극(Conditioned Stimulus): "미용 도구"가 조건자극이 될 수 있다. 동물이 미용을 받으면 맥박이 빨라지는 상황에서 미용 도구를 자주 사용하게 되면 동물은 이 도구를 맥박 증가와 연결시키게 된다.

조건반응(Conditioned Response): "맥박이 빨라지는 반응"이 조건반응이 될 수 있다. 미용 도구를 보여줄 때 동물의 맥박이 증가하는 반응이 생기며, 이는 미용 도구와 맥박 상승 사이에 조건화된 연결이 형성된 결과이다.

무조건 자극(Unconditioned Stimulus): 이 상황에서 "미용"이 무조건 자극이 될 수 있다. 미용을 할 때 동물의 맥박이 빨라진다는 것은 미용 자체가 동물에게 자극을 주고 맥박 상승을 일으키는 특성을 가지고 있음을 나타낸다.

무조건 반응(Unconditioned Response): "맥박이 빨라지는 반응"이 무조건 반응이 될 수 있다. 동물이 미용을 받을 때 맥박이 증가하는 것은 미용에 대한 자연스러운 반응이다.

따라서, 이 상황에서는 미용 도구가 중립자극에서 조건자극으로 변화하게 되어 맥박이 빨라지는 조건반응을 유발하게 되었다. 동시에 미용은 무조건 자극으로 작용하여 맥박이 증가하는 무조건 반응을 일으키는 것으로 해석할 수 있다.

앞의 예시 분석을 참고하여 다음 예시들도 분석해 보도록 하자.

예 **결과**: 목욕을 싫어하는 동물에게 목욕시킬 때마다 "목욕하자~"라고 말했더니 이후에는 "목욕하자"라는 말만 해도 두려워한다.

원인: "목욕하자"라는 말을 할 때마다 목욕을 했기 때문이다.

예 **결과**: 미용을 두려워하는 동물을 미용 테이블 위에만 올려두어도 호흡이 빨라진다.

원인: 미용 테이블에 올릴 때마다 미용을 했기 때문이다.

예 **결과**: 동물 병원을 두려워하는 동물에게 의사 가운만 보여줘도 호흡이 빨라진다.

원인: 동물 병원에 갈 때마다 의사 가운을 봤기 때문이다.

예 **결과**: 주사기를 두려워하는 동물에게 알코올 냄새만 맡게 해도 두려워한다.

원인: 알코올 냄새가 난 후에 주사를 맞았기 때문이다.

예 **결과**: 이동장을 싫어하는 동물을 안아 올리기만 해도 두려워한다.

원인: 동물을 안아 올린 후에 이동장에 넣었기 때문이다.

조건자극이 무조건 자극과 함께 주어지지 않으면 조건반응은 감소되거나 소실될 수도 있다(트라우마 경우 예외).

종을 칠 때마다 음식을 제공했는데 어느 시점부터 종을 쳐도 음식을 제공하지 않는다면 이후에는 종소리를 들려줘도 타액은 분비되지 않거나 분비량이 감소할 수도 있다. 이는 종소리와 음식의 연관성이 없기 때문이다. 즉 먹이를 줄 때마다 종소리를 들려주어야 침을 흘리며, 먹이와 종소리 둘 중에 한가지 요소만 제거되어도 침은 흘리지 않는다.

우리는 이런 원리를 응용하여 반려동물의 행동을 이해하고 문제행동이 있을 시 교정할 수도 있다.

3. 역 조건화(Counter Conditioning)

역 조건화는 고전적 조건화의 변형된 형태로, '조건적 자극'이 먼저 제시되고 그 후에 '무조건적 자극'이 제시되는 학습 방법이다.

일반적인 고전적 조건화에서는 무조건적 자극이 먼저 제시되고, 조건적 자극이 뒤따라 나오면서 학습이 진행된다. 하지만 역 조건화에서는 이 과정이 반대로 이루어진다. 즉, 조건적 자극이 먼저 제시되고, 그 후에 무조건적 자극이 함께 제시된다.

즉 이미 형성되어 있는 행동반응에 더 강한 자극을 연합시킴으로써 이전의 반응을 제거하고 새로운 반응을 조건형성시키는 것이다.

역 조건화는 고전적 조건화와 함께 사용하면 더욱 효과적이다.

> 예 미용 도구를 무서워하는 고양이에게 미용 도구(조건자극)의 두려움보다 더 강력한 자극인 음식(조건반응)을 반복적으로 제공하면 고양이는 미용 도구에 대한 두려움이 소실될 수 있다.

여기서 중요한 것은 미용 도구의 두려움을 넘어설 수 있는 강력한 음식을 제공해야 효과적이다. 즉 미용 도구의 두려움을 이길만한 아주 맛있는 음식을 제공해야 한다는 것이다.

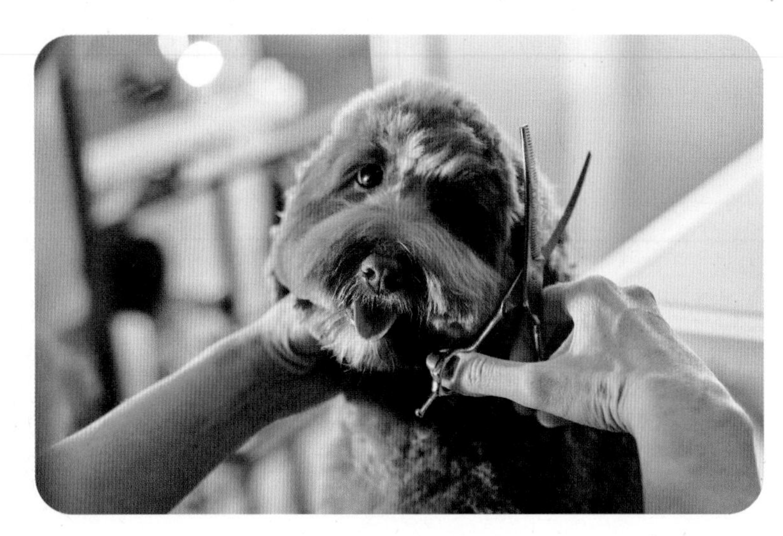

조건자극: 미용 도구

보상물

역 조건화는 적절한 보상과 강화를 반복하여 미용 도구에 대한 기억을 긍정적으로 인지시킬 수도 있다.

방문객을 두려워하는 고양이에게 방문객이 올 때마다 음식을 반복적으로 제공하면 고양이는 방문객에 대한 두려움이 소실될 수도 있다.

역 조건화는 싫어하는 것을 좋아하게, 좋아하는 것을 싫어하게 전환시킬 수도 있다.

핸들링을 싫어하는 고양이에게 스크래처를 사용할 때마다 반복적인 핸들링을 시도한다면 고양이는 스크래처를 사용하는 빈도가 감소하거나 사용하지 않을 수도 있다.

드라이기를 무서워하는 개에게 반복적으로 드라이기와 음식을 제공하면 개는 드라이기에 대한 두려움이 소실될 수도 있다.

리드 줄을 두려워하는 개를 현관문 앞으로 데려가서 현관문을 10cm만 열어놓은 상태에서 리드 줄을 채워주면 리드 줄에 대한 두려움이 소실될 수도 있다. 외출에 대한 기대감 때문에 리드 줄에 대한 부정적인 감정이 감소되는 원리이다(민감소실, 탈 감작).

행동교정(수정) 부분(5장)에서 소개하겠지만 이러한 행동이론을 응용하여 다양한 문제행동을 교정(수정)할 수 있다. 반대로 이러한 원리에 의해 동물들은 여러 가지 문제행동이 발생하기도 한다.

예 방문객에 대한 부정적인 감정이 없는 고양이에게 방문객이 올 때마다 소란스럽게 한다면 고양이는 방문객에 대한 부정적인 감정이 생길 수도 있다.
배변패드에 대한 부정적인 감정이 없는 개에게 배변 볼 때마다 반복적인 굉음이 들렸다면 개는 배변패드에 대한 부정적인 감정이 생길 수도 있다.

실제 일상생활에서 우리가 인지하지 못하는 상황에서 여러 문제행동들이 발생할 수도 있다.

"다른 집 개는 괜찮은데 우리 집 개는 왜 이래요?" 똑같은 환경, 상황, 자극에도 타고난 기질 및 환경에 따라 동물의 행동반응 및 수용 정도가 다르다. 때문에 행동학은 "반드시 이렇다"라는 결과를 장담할 수는 없다. "~할 수도 있다"라고 생각하자.

특히 동물보건사는 보호자 상담에서의 장담은 주의해야 할 사항이다. 자신 있게 상담하는 것과 장담은 다르다.

예 "방문객에 대한 부정적인 감정이 없는 고양이에게 방문객이 올 때마다 소란스럽게 한다면 고양이는 방문객을 반드시 싫어합니다."

이와 같이 결과를 장담하는 상담 태도는 바람직하지 못하다.

"방문객에 대한 부정적인 감정이 없는 고양이에게 방문객이 올 때마다 소란스럽게 한다면 고양이는 방문객을 싫어할 수도 있습니다(또는 싫어하는 경우도 있습니다)."라고 이야기해야 한다.

4. 탈 감각화/탈 감작화/둔감화(Desensitization)

이미 형성되어 있는 행동반응을 둔감화시키는 원리이며 감각에 대한 반응을 점진적으로 감소시키는 기법이다.

고전적 조건형성의 원리에 기반되며 역 조건화와 함께 사용할 때 효과적이다.

*탈 감각화, 탈 감작화, 둔감화, 민감 소실화 등은 비슷한 의미로 사용된다.

탈 감각화는 미국의 심리학자 조셉 울페(Joseph Wolpe)에 의해 개발된 체계적 둔감화(Systematic Desensitization)와 연관이 있다. 조셉 울페는 1950년대에 불안과 공포를 치료할 때 체계적 둔감화(체계적 탈 감각화) 기법을 사용하였다.

예 미용 도구를 두려워하는 동물에게 미용 도구에 대한 두려운 감각을 둔감화시켜준다.
주사기를 두려워하는 동물에게 주사에 대한 두려운 감각을 둔감화시켜준다.
의사 가운을 두려워하는 동물에게 가운에 대한 두려운 감각을 둔감화시켜준다.
ICU(중환자실, Intensive Care Unit)를 두려워하는 동물에게 ICU에 대한 두려운 감각을 둔감화시켜준다.

5. 체계적 둔감화(Systematic Desensitization, Wolpe)

앞서 언급했듯이 조셉 울페(Joseph Wolpe)에 의해 개발되었고 이미 형성되어 있는 행동반응을 '단계별'로 둔감화시키는 원리이며 고전적 조건형성의 원리에 기반된다. '탈 감작' 을 기반으로 하며 반드시 단계별로 진행하는 것이 특징이다. 역 조건화와 함께 사용할 때 효과적이다.

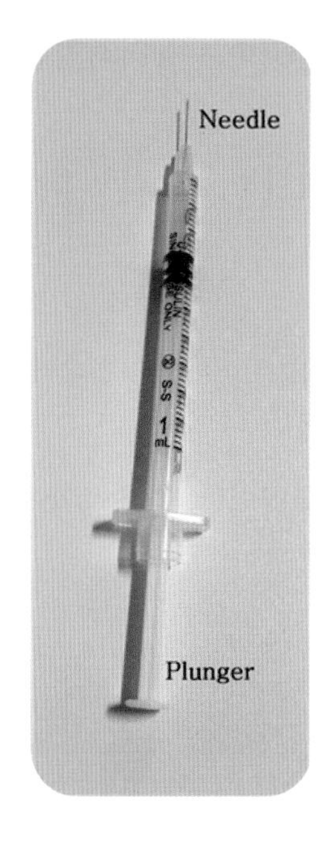

예 주사기를 두려워하는 동물에게 체계적 둔감화를 응용하여 주사기에 대한 민감성을 둔감화할 수 있다.

실무 응용 예

주사기에 대한 공포증이 있는 동물의 체계적 둔감화 8단계

1단계: 동물이 알코올 솜(소독약)의 냄새를 맡을 때마다 동물이 좋아하는 긍정적인 보상을 즉시 제공한다.

2단계: 알코올 솜이 동물의 몸에 닿을 때마다 동물이 좋아하는 긍정적인 보상을 즉시 제공한다.

3단계: 주사기를 보여 줄 때마다 동물이 좋아하는 긍정적인 보상을 즉시 제공한다.

4단계: 주사기의 Needle이 동물의 몸에 닿을 때마다 동물이 좋아하는 긍정적인 보상을 즉시 제공한다.

5단계: 주사기의 Needle이 동물의 몸에 주입될 때마다 동물이 좋아하는 긍정적인 보상을 즉시 제공한다.

6단계: 주사기의 Plunger에 압력을 줄 때마다 동물이 좋아하는 긍정적인 보상을 즉시 제공한다.

7단계: 주사기의 Needle을 동물의 몸에서 뺄 때 동물이 좋아하는 긍정적인 보상을 즉시 제공한다.

8단계: 알코올 솜으로 동물의 몸을 지혈할 때 동물이 좋아하는 긍정적인 보상을 즉시 제공한다.

위의 8단계는 이미 동물이 주사기에 대한 거부 반응(두려움/공포증)이 있는 경우에 반복적인 경험을 통해 주사기에 대한 민감성을 둔감화시킬 수 있다.

보상 타이밍 부분(3장)에서 소개하겠지만 동물은 어떤 행동이 일어난 후에 즉각적인 자극(보상 또는 처벌)이 주어졌을 때 연합을 할 수 있다.

*1~8단계에서 보상을 제공할 때 '즉시'가 반복되고 있다.

질문: 즉시는 얼마의 시간일까?

답변: 2초 이내 추천

동물은 주사기의 Needle이 몸에 주입되기 전부터 이미 불안해하는데, 구체적으로는 이미 병원 방문 전 또는 병원에 들어서면서부터 두려운 증상을 보이는 경우가 많다.

주사기에 대한 체계적 둔감화는 가정에서도 예행 학습할 수 있다. 단 반드시 Needle은 제거하고 시행해야 한다.

주사기에 대한 공포증이 있는 동물의 체계적 둔감화 5단계

1단계: 동물이 알코올 솜(소독약)의 냄새를 맡을 때마다 동물이 좋아하는 긍정적인 보상을 즉시 제공한다.

2단계: 알코올 솜이 동물의 몸에 닿을 때마다 동물이 좋아하는 긍정적인 보상을 즉시 제공한다.

3단계: 주사기를 보여 줄 때마다 동물이 좋아하는 긍정적인 보상을 즉시 제공한다.

4단계: 주사기의 Needle이 동물의 몸에 닿을 때마다 동물이 좋아하는 긍정적인 보상을 즉시 제공한다.

5단계: 알코올 솜으로 동물의 몸을 지혈할 때 동물이 좋아하는 긍정적인 보상을 즉시 제공한다.

가정에서 예행 학습만 해주어도 향후 동물병원 방문 시 동물의 불안감을 감소시켜 줄 수 있다.

*팁: 평소에 동물이 좋아하는 간식을 줄 때 시행하면 효과적이다.

낚싯대를 좋아하는 고양이의 경우는 주사기를 낚싯대의 줄 끝에 달고 흔들어주면 고양이가 스스로 주사기에 관심을 가지게 된다.

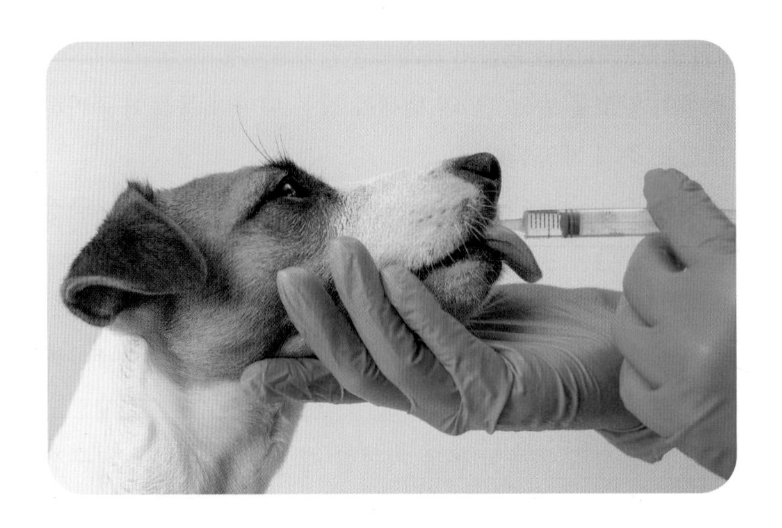

최초에는 주사기에 대한 감정이 없었지만 투약 후 주사기에 대한 부정적인 의미가 부여된 것이다. 이 경우 주사기에 동물이 좋아하는 음식을 넣거나 묻혀서 제공하는 방법도 있다.

사랑하는 연인과 헤어지면 들리는 노래가 모두 나의 노랫말처럼 들리는 이유는 '고전적 조건형성'되었기 때문이다. 연인과 함께 거닐었던 거리, 연인과 함께 먹었던 음식, 영화, 노래 등 모두 고전적 조건형성이 된 것이라 해석할 수도 있다. 원래 싫어했던 해산물을 연인과 함께 먹다 보니 좋아하게 된 것은 '역 조건형성'된 것이다.

"바늘 도둑이 소도둑 된다"는 속담의 의미는 '체계적 둔감화'에 가깝다. 절도를 하다 보니 절도에 대한 죄책감이 점차 둔감해지는 원리이다.

국내에는 몇몇의 동물 행동학 관련 서적들이 있지만 대부분 이론만 간략하게 소개되어 있을 뿐 실무적이고 구체적인 응용사례는 찾기 힘들었다.

앞에서 이야기한 것처럼 동물 행동이론을 실생활에 응용할 수 있는 연습을 해둔다면 독자는 동물의 문제행동 상담에 있어서만큼은 '동물보건사'의 임무를 충분히 수행할 수 있을 것으로 기대한다.

이 과목을 공부하면서 처음부터 이해가 잘되고 스스로 상담을 잘할 수 있는가?

동물들 역시 처음부터 어려운 행동을 잘 이해하고 성공적으로 해낼 수는 없다.

행동이론을 이해할 수 있어야 보호자를 상담하거나 반려동물에게 응용할 수 있다. 이것이 반려동물 보건 행동학의 목표이다.

조작적 조건화 + 체계적 둔감화 + 강화를 이용하여 어려운 행동도 수행할 수 있다.

적절한 타이밍에 강화해서 행동을 구체적이고 단계적으로 조작하여 복잡한 행동을 서서히 형성시킬 수 있다.

이러한 원리는 인명 구조견, 맹도견, 보청견, 탐지견, 치료견, 구조견, 특수 목적견, 군용견, 독 댄스, 어질리티, 독 스포츠 등의 주로 복잡한 고난이도의 훈련에 자주 사용된다.

*조작이란 단어는 생소하기 때문에 '훈련'으로 이해하면 도움이 되겠다.

예 시소가 무엇인지 인지하지 못하는 개(시소=중립자극)

1단계: 시소 위에 발을 올리는 것부터 강화해준다.

2단계: 시소 위를 걸을 수 있도록 강화해준다.

3단계: 시소에서 내려올 수 있도록 강화해준다.

교육받지 못한 개는 허들(장애물)을 통과하기 어렵기 때문에 단계적으로 학습시켜준다.

일상생활에서의 응용 예

칫솔이 무엇인지 인지하지 못하는 동물

1단계: 칫솔에 간식을 묻혀 제공한다.

2단계: 칫솔에 치약을 묻혀서 보여주기만 한다.

3단계: 치약 0.5g을 칫솔에 묻혀 동물의 입에 넣었다 문지르지 않고 곧장 뺀다. 그리고 즉시(2초 이내) 간식을 제공한다.

4단계: 치약 0.5g을 칫솔에 묻혀 동물의 입에 넣었다 1번만 문지르고 곧장 뺀다. 그리고 즉시(2초 이내) 간식을 제공한다.

5단계: 치약 0.5g을 칫솔에 묻혀 동물의 입에 넣었다 2번만 문지르고 곧장 뺀다. 그리고 즉시(2초 이내) 간식을 제공한다.

이와 같은 방법으로 치약의 양을 점차 늘려주고 양치질의 횟수를 늘려주면 동물은 양치질에 대해 단계별로 학습하게 된다.

교육이 원활하지 못한 경우는 실패했던 전 단계로 돌아가서 다시 반복해준다.

예 4단계를 실패했다면 3단계를 다시 시행한다.

동물들은 한 번에 많은 것을 연상하기 힘들기 때문에 복잡한 행동을 이해시키거나 학습시키기 위해서는 항상 단계적인 접근이 필요하다. 체계적 둔감화와 조작적 조건형성을 잘 응용하면 동물의 불편한 부분들을 감소시켜 줄 수 있고 대인관계 형성에도 도움이 될 수 있다.

또한 보호자(내담자)의 호소 내용을 이해할 수 있고 치료 후 주의 사항도 구체적으로 상담해 줄 수 있다. 수의사가 이 모든 과정들을 안내하거나 상담할 수 없으니 동물보건사는 수의사의 지시 및 감독에 따라 위험 부담이 없는 수준에서의 적절한 상담을 보조할 수 있다. 동물보건사 자격증 과목에 동물보건 행동학이 추가된 이유가 바로 이러한 역할을 원활히 수행하기 위해서일 것이다.

6. 조작적 조건화(Operant Conditioning)

미국의 심리학자 스키너(Burrhus Frederic Skinner)의 쥐 실험으로 유명한 행동이론이다. 상자 안에 쥐를 가둬놓고 쥐가 레버를 밟으면 음식이 제공되도록 설계하였더니 쥐의 레버 밟는 행동이 증가하였다. 어떤 자극으로 동물의 행동이 일어날 때 적절한 보상이 제공되면 그 행동의 발생 빈도가 증가할 수 있다. 반대로 적절한 처벌이 제공되면 그 행동의 발생 빈도가 감소할 수도 있다.

이러한 학습 원리를 이용하여 동물의 행동을 조작할 수도 있다. 조작적 조건화는 동물의 행동을 강화(증폭)시키거나 약화(소멸)시킬 수도 있는 행동학습 원리이다.

*여기서 조작이란 단어는 "만들다/훈련시키다"는 의미로 해석하는 것이 좋겠다.
물론 조작이란 의미가 훈련을 의미하는 것은 아니다. 다만 독자의 이해를 돕기 위한 비유일 뿐이며 단어들이 생소할 수 있어 필자가 풀이한 것일 뿐이니 참조만 하자.

일상생활에서의 응용 예

주사에 대한 거부 반응을 감소시키는 행동조작을 형성해 보자.

- 동물과 함께 병원 입구에 들어설 때마다 보호자가 동물에게 즉시(2초 이내) 긍정적인 보상을 해준다.
- 동물과 동물보건사가 대면할 때마다 즉시(2초 이내) 긍정적인 보상을 해준다.
- 동물보건사가 개를 핸들링 할 때마다 즉시(2초 이내) 긍정적인 보상을 해준다.
- 알코올 솜으로 개의 몸을 소독할 때 즉시(2초 이내) 긍정적인 보상을 해준다.
- 주사기를 보여줄 때마다 즉시(2초 이내) 긍정적인 보상을 해준다.
- 주사기가 몸에 닿을 때마다 즉시(2초 이내) 긍정적인 보상을 해준다.
- 주사액을 주입할 때마다 즉시(2초 이내) 긍정적인 보상을 해준다.
- 알코올 솜으로 지혈할 때마다 즉시(2초 이내) 긍정적인 보상을 해준다.
- 이름을 부를 때마다 즉시(2초 이내) 긍정적인 보상을 해준다.
- 차량에 탑승할 때마다 즉시(2초 이내) 긍정적인 보상을 해준다.
- 차량에서 하차할 때마다 즉시(2초 이내) 긍정적인 보상을 해준다.
- 낯선 사람을 만날 때마다 즉시(2초 이내) 긍정적인 보상을 해준다.
- 화장실을 잘 이용했을 때마다 즉시(2초 이내) 긍정적인 보상을 해준다.
- 스크래처를 잘 이용했을 때마다 즉시(2초 이내) 긍정적인 보상을 해준다.

"원하는 행동을 취했을 때마다 즉시(2초 이내) 긍정적인 보상을 해준다"는 의미이다.

조작적 조건화 역시 행동이론에서는 매우 중요하기 때문에 실무에 적용할 수 있도록 원리를 충분히 이해하자.

7. 강화(Reinforcement), 처벌(Punishment)

강화는 어떤 자극이 행동에 영향을 주어서 그 행동이 반복적으로 일어나는 것이다. 강화의 원리는 크게 '플러스 강화'와 '마이너스 강화'로 나눌 수 있다.

이론적인 기반은 최초 존 왓슨(John Watson)과 에드워드 손다이크(Edward L. Thorndike)에 의해 발전되었다. 왓슨은 동물과 인간의 행동을 행동주의로 설명했고 손다이크는 '효과의 법칙'과 '강화 개념'을 발전시켰다.

스키너는 처벌은 행동을 억제하거나 감소시키는 효과가 있고, 처벌에 의해 원치 않는 행동을 감소시키거나 중단할 수 있다고 주장했다.

긍정적 강화 양성적 강화 플러스 강화 Positive reinforcement	부정적 강화 음성적 강화 마이너스 강화 Negative reinforcement

플러스 강화, 양성적 강화, 긍정강화, 긍정적 강화는 모두 같은 의미이다. 마이너스 강화, 음성적 강화, 부적강화(부정강화X), 부정적 강화도 모두 같은 의미이다.

플러스 강화(Positive Reinforcement)는 사람이 원하는 행동을 동물이 했을 때 보상이나 긍정적인 자극을 제공하여 그 행동의 빈도를 증가시키는 학습 원리이다. 바람직한 행동 및 목표행동(Target behavior)을 했을 때 보상을 주는 것이다. 플러스 강화의 특징은 긍정적인 결과를 가져온다는 것이다.

여기서 의미하는 플러스는 '더하다' 의미의 Plus가 아니라 긍정적 의미인 Positive임을 혼동하지 말자. 때문에 긍정적 강화 및 양성적 강화라는 의미로 사용되기도 한다. 플러스 강화는 비강압적이고 비침습적이기 때문에 동물의 신체나 심리에 부정적인 자극을 주지 않는다는 특징이 있어서 문제행동을 교정할 때 자주 사용되는 행동학습 이론이다.

플러스 강화의 예

- 아이가 상을 받아오면 부모가 칭찬과 용돈을 주는 것

*부모가 원하는 행동을 아이가 했기 때문에 보상을 주는 것

- 개가 사람의 명령을 잘 따르면 간식을 주는 것

*사람이 원하는 행동을 개가 했기 때문에 보상을 주는 것

- 고양이가 화장실을 잘 이용하면 보호자가 보상해 주는 것

*사람이 원하는 고양이가 행동을 했기 때문에 보상을 주는 것

- 쥐가 레버를 누르면 음식을 제공하는 것

*시행자가 레버 누르는 것을 목표로 설정했을 경우, 사람이 원하는 행동을 쥐가 했기 때문에 보상을 주는 것

• 새가 손 위에 올라오면 사람이 먹이를 주는 것

*사람이 원하는 행동을 새가 했기 때문에 보상을 주는 것

• 동물이 교육 과정에서 바람직한 행동을 하면 트레이너가 보상을 제공하는 것

*사람이 원하는 행동을 동물이 했기 때문에 보상을 주는 것

• 고양이가 스크래처를 이용하면 보호자가 보상해 주는 것

*사람이 원하는 행동을 고양이가 했기 때문에 보상을 주는 것

• 개가 얌전히 있으면 보호자가 간식을 주는 것

*사람이 원하는 행동을 개가 했기 때문에 보상을 주는 것

마이너스 강화(Negative Reinforcement)는 사람이 원하는 행동을 동물이 했을 때 동물이 싫어하는 것(처벌 등)을 빼주어서 그 행동의 빈도를 증가시키는 학습 원리이다. 바람직한 행동 및 목표행동을 했을 때 불쾌감을 제거해 주는 것이다. 그래서 마이너스 강화이다.

마이너스 강화의 특징은 긍정적인 결과를 가져온다는 것이다. 여기서 의미하는 마이너스는 '빼다' 의미의 Minus가 아니라 부정적 의미인 Negative임을 혼동하지 말자. 때문에 부정적 강화 및 음성적 강화라는 의미로 사용되기도 한다.

*마이너스 강화와 플러스 강화의 의미를 혼동하는 경우가 많으니 반드시 숙지해야만 한다.

마이너스 강화의 예

• 운전자가 교통계에 벌금을 내기 싫어서 안전벨트를 하는 것

*교통계가 원하는 행동을 운전자가 했기 때문에 처벌을 제거하는 것

• 동물이 혼나지 않기 위해서 가구를 뜯지 않는 것

*사람이 원하는 행동을 동물이 했기 때문에 처벌을 제거하는 것

• 개가 사람에게 처벌받지 않기 위해서 사람에게 뛰어들지 않는 것

*사람이 원하는 행동을 개가 했기 때문에 처벌을 제거하는 것

• 고양이가 혼나지 않기 위해서 화장실을 잘 가리는 것

*사람이 원하는 행동을 고양이가 했기 때문에 처벌을 제거하는 것

• 쥐가 미로에서 전기 충격을 받지 않기 위해서 바른 길을 선택하는 것

*사람이 원하는 행동을 쥐가 했기 때문에 처벌을 제거하는 것

- 개가 얌전히 따라오지 않을 때 리드 줄을 당기다가 얌전히 따라오면 리드 줄을 느슨하게 놓아 주는 것

*사람이 원하는 행동을 개가 했기 때문에 처벌을 제거하는 것. 전형적인 마이너스 강화이다.

- 개가 처벌을 받지 않기 위해 발을 핥는 행동을 멈추는 것

*사람이 원하는 행동을 했기 때문에 처벌을 제거하는 것

- 개가 처벌을 받지 않기 위해 짖는 행동을 멈추는 것

*사람이 원하는 행동을 개가 했기 때문에 처벌을 제거하는 것

◆ 처벌(Punishment)

처벌은 어떠한 행동이 더 이상 일어나지 않게 하는 모든 불쾌한 자극이다. 하지만 처벌은 동물의 타고난 기질과 처한 상황에 따라 다르게 이해되고 수용된다. 예컨대 핸들링을 싫어하는 동물에게는 핸들링이 '처벌'이 될 수도 있고, 연어 간식보다는 참치 간식을 더 선호하는 동물에게 연어 간식만 반복적으로 제공하는 것은 동물에게는 처벌이 될 수도 있기 때문이다.

질문: 어떻게 처벌인지 아닌지를 구분할 수 있을까?

답변: 동물에게 직접 물어볼 수 없기 때문에 동물의 반응(특히 스트레스 신호)을 세심히 관찰해야만 한다.

예 핸들링(쓰다듬기)을 싫어하는 개의 경우, 개가 사료를 잘 먹어서 칭찬의 의미로 여러 차례 쓰다듬어 주었더니 이후부터 개가 사료를 거부하였다면 이 개의 입장에서는 핸들링이 처벌이 될 수도 있다.

처벌의 3가지 종류

- **직접처벌:** 물리적 자극, 화학적 자극을 이용해 동물을 직접적으로 불쾌하게 하는 행동(때리기, 소리 지르기, 혐오 악취 맡게 하기 등)
- **원격처벌:** 물리적 자극, 화학적 자극을 이용해 동물을 간접적으로 불쾌하게 하는 행동(동물이 처벌을 주는 대상을 인식할 수 없음)(몰래 물건 던지기, 몰래 물 뿌리기, 물총 쏘기, 알코올 스프레이 뿌리기 등)

- **사회적 처벌:** 동물을 사람, 동물, 식물, 환경 등에서부터 분리 또는 결합하여 불쾌하게 하는 행동(격리, 분리, 감금, 단절, 외면, 합사, 만남, 개입, 관심 등)

◆ 처벌의 학습이론 2가지

플러스 처벌(Positive Punishment)은 사람이 원하지 않는 행동을 동물이 했을 때 동물이 싫어하는 것(처벌, 불쾌자극, 혐오자극, 강력한 자극 등)을 더해주어서 그 행동의 빈도를 감소시키는 학습 원리이다. 바람직한 행동 및 목표행동 이외의 행동을 했을 때 처벌하는 것이다. 이때 동물은 불쾌한 경험을 하기 때문에 그 행동이 감소되거나 중단된다.

플러스 처벌의 특징은 동물에게 학대가 될 수도 있기 때문에 직접적인 물리적 자극(소리치기, 바닥에 누르기, 때리기, 던지기, 꼬집기, 목덜미 잡기, 주둥이 잡기, 발로 차기, 강하게 밀치기, 리드 줄 당기기, 배 뒤집어 누르기, 물건 던지기, 물 뿌리기 등)은 금해야 한다. 가급적이면 생활용 매개물을 활용하여 교육을 하는 것을 추천한다.

> **예** 소파 위에 오르는 개의 경우, 소파 위에 미용 도구, 청소도구 등(동물이 싫어하지만 일상생활에서 반드시 사용해야만 하는 물건들)을 올려두면 소파에 오르는 행동이 감소되거나 중단될 수도 있다.
>
> 이러한 플러스 처벌 방법은 실패해도 성공이고 성공해도 성공이다.
>
> 실패하는 경우는 동물이 도구에 적응하는 결과를 획득하고, 성공하는 경우는 소파 위에 오르지 않는 결과를 획득한다.
>
> 평소 동물이 싫어하는 물건들을 이러한 방법으로 적용해서 행동교정 및 교육을 할 수 있다.

여기서 의미하는 플러스도 '더하다' 의미의 Plus가 아니라 긍정적 의미인 Positive이다. 때문에 양성적 처벌 및 긍정적 처벌이라는 의미로 사용되기도 한다.

플러스 처벌의 예

- 자녀가 과제를 하지 않으면 부모가 벌을 주는 것

*부모가 원치 않는 행동을 자녀가 했기 때문에 처벌하는 것

- 개가 아무 곳에 배설하면 보호자가 처벌하는 것

*사람이 원치 않는 행동을 개가 했기 때문에 처벌하는 것

- 고양이가 가구를 긁으면 보호자가 처벌하는 것

*사람이 원치 않는 행동을 고양이가 했기 때문에 처벌하는 것

- 개가 시끄럽게 짖으면 보호자가 경고하는 것

*사람이 원치 않는 행동을 개가 했기 때문에 처벌하는 것

- 쥐가 미로에서 틀린 경로를 선택하면 전기적 자극을 주는 것

*사람이 원치 않는 행동을 쥐가 했기 때문에 처벌하는 것

- 새가 자신의 깃털을 뽑으면 보호자가 부정적인 자극을 주는 것

*사람이 원치 않는 행동을 새가 했기 때문에 처벌하는 것

- 개가 훈련에서 틀린 행동을 하면 리드 줄을 잡아 당기는 것

*사람이 원치 않는 행동을 개가 했기 때문에 처벌하는 것

- 개가 공격성을 보이면 트레이너가 경고음을 내는 것

*사람이 원치 않는 행동을 개가 했기 때문에 처벌하는 것

오류를 범한 예

개가 소파 위에 뛰어오를 때마다 보호자가 처벌을 했는데도 개의 소파 오르는 행위는 더욱 증가되었다. 일반적으로는 소파 오르는 행동이 감소되거나 중단되어야 한다. 그런데 왜 이런 결과가 발생했을까? 결과적으로 플러스 처벌이 아닌 플러스 강화가 된 셈이다.

이러한 사례는 실제 일반 가정에서 많이 겪고 있고 보호자들의 고민거리이기도 하다. 이 경우는 보호자의 '처벌'이 개의 입장에서는 '관심'으로 해석되고 수용되었기 때문이다. 때문에 처벌을 이용할 때는 일관성 있고, 단호하게 시행해야 한다.

하지만 동물을 학대하지 않는 수준에서 원하는 결과를 얻는 처벌을 하는 것은 쉽지 않다.

마이너스 처벌(Negative Punishment)은 사람이 원하지 않는 행동을 동물이 했을 때 동물이 좋아하는 것(유쾌한 자극)을 빼주어서 그 행동의 빈도를 감소시키는 학습 원리이다. 바람직한 행동 및 목표행동 이외의 행동을 했을 때 유쾌한 자극을 제거하는 것이다. 이 때 동물은 불쾌한 경험을 하기 때문에 그 행동이 감소되거나 중단된다.

마이너스 처벌의 특징은 긍정적인 결과를 가져온다는 것이다. 여기서 의미하는 마이너스도 '빼다' 의미의 Minus가 아니라 부정적 의미인 Negative이다. 때문에 부정적 강화 및 음성적 강화라는 의미로 사용되기도 한다.

마이너스 처벌의 예

- 아이가 과제를 하지 않으면 엄마가 게임을 통제하는 것

*부모가 원치 않는 행동을 했기 때문에 유쾌한 자극을 제거하는 것

- 개가 장난감을 가지고 놀지 않으면 보호자가 장난감을 회수하는 것

*사람이 원치 않는 행동을 했기 때문에 유쾌한 자극을 제거하는 것

- 고양이가 주어진 시간에 음식을 먹지 않으면 음식을 회수하는 것

*사람이 원치 않는 행동을 했기 때문에 유쾌한 자극을 제거하는 것

- 동물이 훈련 과정에서 원치 않는 행동을 하면 트레이너가 보상을 멈추는 것

*사람이 원치 않는 행동을 했기 때문에 유쾌한 자극을 제거하는 것

- 쥐가 미로에서 틀린 경로를 선택하면 먹이 보상을 중단하는 것

*사람이 원치 않는 행동을 했기 때문에 유쾌한 자극을 제거하는 것

- 개가 짖으면 보호자가 밖으로 사라지는 것

*단, 보호자와 개의 친밀도가 형성된 경우, 사람이 원치 않는 행동을 했기 때문에 유쾌한 자극을 제거하는 것

- 고양이가 캣타워를 이용하지 않으면 캣타워를 제거하는 것

*사람이 원치 않는 행동을 했기 때문에 유쾌한 자극을 제거하는 것

- 개가 훈련에 응하지 않으면 보상을 중단하는 것

*사람이 원치 않는 행동을 했기 때문에 유쾌한 자극을 제거하는 것

처벌은 어떤 행동의 빈도를 감소시킬 수는 있으나 그 행동이 완전히 소거된다고 장담할 수는 없다.

긍정적 처벌 양성적 처벌 플러스 처벌 Positive punishment	부정적 처벌 음성적 처벌 마이너스 처벌 Negative punishment

처벌의 장점

문제행동을 통제하거나 감소 및 중단할 수 있다. 하지만 일시적일 수도 있고, 다른 문제행동이 유발될 수도 있다.

처벌의 단점

상호감정 악화, 관계 악화, 심신 학대, 스트레스, 불안, 내성 형성, 학습저하 및 혼동, 돌발행동 발생 가능성, 기타 다른 문제행동 발생 가능성, 불신 형성을 할 수 있다.

*이처럼 처벌은 내성을 형성할 수 있고 불신을 형성하여 목표 달성이 어렵기 때문에 행동교정 및 훈련 시에는 권장되지는 않는다.

하지만 강화와 처벌의 선택은 동물의 타고난 기질, 후천적 성격, 종 특이성, 성별, 나이, 지능, 처한 상황, 신체적/정신적 건강상태, 사회적 상황 등에 따라 선택될 수 있다. 일반적으로는 강압적인 처벌보다는 플러스 강화를 추천한다. 이는 동물의 행동을 이해하고, 상호관계를 개선하며 동물 복지를 고려할 수 있기 때문이다.

처벌의 필수 조건

적절한 타이밍 + 적절한 강도 + 일관성 요구 + 감정 절제/조절

*이 조건들을 정확히 알 수는 없다. 때문에 처벌을 시행할 때는 심사숙고해야 한다.

동물이 부적절한 행동을 반복할 시 상황에 따라 적절한 처벌이 필요하겠지만 최소화하는 것을 추천한다. 부적절하고 감정적인 상태에서의 비윤리적인 처벌은 동물 학대의 소지가 강하기 때문이다.

8. 강화 스케줄 및 분류(Reinforcement Schedule)

강화 스케줄은 강화계획이라고도 한다. 이는 반응이 나타날 때마다 강화할 것인지 또는 특정 시간 및 행동반응에 대하여 강화할 것인지를 계획하는 것이다.

◆ 강화의 분류

연속 강화 스케줄(Continuous Reinforcement Schedule/CRF)은 목표행동이 일어날 때마다 지속적으로 강화하는 것이다. 처음에는 반응률이 빠르고 높은 편이지만 시간이 지남에 따라 반응률이 낮아진다.

간헐 강화 스케줄(Intermittent Reinforcement Schedule/INT)은 특정 행동에 대해 간헐적으로 강화하는 것이며 고정 간격, 변동 간격, 고정 비율, 변동 비율 스케줄로 나뉜다.

❶ 고정 간격 스케줄(Fixed Interval Schedule/FI)

고정된 시간 간격으로 강화한다. 지속성이 없고, 시간이 지남에 따라 반응률이 낮아진다.

예 월급, 주급, 출근, 퇴근, 자동 급식기

❷ 변동 간격 스케줄(Variable Interval Schedule/VI)

변동하는 시간 간격으로 강화한다. 지속성이 있으나 반응률이 느리다.

예 서울에 있는 모 은행에 올해 검열이 있을 예정이다.
이 은행의 직원들은 검열단이 언제 올지 알 수 없기 때문에 계속 검열 준비를 해야만 한다. 이처럼 변동 간격 스케줄은 강화시간을 예측할 수 없기 때문에 지속적인 참여를 유도할 수 있다.

❸ 고정 비율 스케줄(Fixed Ratio Schedule/FR)

일정한 행동반응 및 행동 비율마다 강화를 해주는 것이다. 예측할 수 있기 때문에 지속적인 참여를 유도할 수 있다. 단, 강화가 제공된 후에는 어느 시간 동안 반응률이 감소하거나 폭발적으로 증가할 수 있다.

예 어느 카페에서 고객이 5번 방문하면 커피 한 잔을 무료로 제공한다면 고객을 일정 한 패턴으로 방문을 유도할 수 있다.

그러나 커피를 먹고 난 후에는 당분간 카페를 방문하지 않거나 더 자주 카페를 방문해서 또 다시 무료 커피를 제공받을 수도 있기 때문에 이는 개체의 상황과 심리적 현상에 따라 다른 반응률을 보일 수 있다.

❹ 변동 비율 스케줄(Variable Ratio Schedule/VR)

변동하는 행동반응 및 행동 비율마다 강화를 해주는 것이다. 즉 예측할 수 없게 변동하는 것이다. 예측할 수 없기 때문에 지속적인 참여를 유도할 수 있다. 동물의 행동이 빠르게 증가하거나 느리게 감소될 수도 있다.

예 도박, 복권 등

처음에 도박에 흥미를 들이면 매일 도박을 할 수 있다. 하지만 시간이 지남에 따라 도박을 하는 행동이 감소되거나 중단되는 경우도 있다. 때문에 변동 비율 스케줄은 적절히 사용해야 목표행동을 유지할 수 있다.

동물을 교육하거나 행동을 교정할 때

동물에게 강화(보상)를 예측할 수 없게 제공하는 것(변동 비율 스케줄)은 목표행동 반응률을 가장 높게 할 수 있다. 동물에게 강화(보상)를 매번 제공하는 하는 것(고정 간격 스케줄)은 목표행동 반응률을 가장 낮게 할 수 있다.

반응률이 높은 순서는 변동 비율 - 고정 비율 - 변동 간격 - 고정 간격 순이다. 하지만 실무에서는 처음부터 동물에게 변동 비율 스케줄을 적용한다면 동물의 반응률이 낮을 수 있기 때문에 처음에는 고정 간격 - 고정 비율 - 변동 간격 - 변동 비율 순으로 적용하는 것이 효과적일 수 있다.

물론 이러한 강화 스케줄은 동물의 건강, 종, 기질, 경험, 환경, 사회적 상황 등에 따라 반응률이 다를 수 있다.

9. 학습의 4가지 원리(Operant Conditioning)

앞서 설명했듯이 학습의 원리는 중요하기 때문에 꼭 숙지하도록 하자.

① 행동 후에 좋은 일이 발생하면 그 행동은 증가(플러스 강화, 양성적 강화, 긍정적 강화, 긍정강화)

② 행동 후에 싫은 일이 제거되면 그 행동은 증가(마이너스 강화, 음성적 강화, 부정적 강화, 부적강화)

③ 행동 후에 좋은 일이 제거되면 그 행동은 감소(플러스 처벌, 양성적 처벌, 양적 처벌, 긍정적 처벌)

④ 행동 후에 싫은 일이 발생하면 그 행동은 감소(마이너스 처벌, 음성적 처벌, 음적 처벌, 부정적 처벌)

동물은 시각, 청각, 후각으로 대상을 관찰하고 인식한다. 중요한 것은 이 상황에서 사람의 행동에 따라 동물은 상황 및 대상을 인지하게 된다는 것이다.

플러스 강화 실무 예

*사람이 원하는 행동을 동물이 했을 때 보상이나 긍정적인 자극을 제공하여 그 행동의 빈도를 증가시키는 학습 원리.

이미 주사기에 대한 공포반응이 있는 동물에게 학습의 4가지 원리 중에서 ①을 응용해보자(① 행동 후에 좋은 일이 발생하면 그 행동은 증가).

병원 갈 때마다 주사를 맞는다면 병원 가는 것을 싫어한다(행동 후에 싫은 일이 발생하면 그 행동은 감소).

동물에게 사람의 언어를 문장으로 이해시키는 것은 사실상 불가능하다. 아주 드물지만 실제 사람의 몇몇 말들을 알아듣고 이해하는 동물도 있지만 일반적이지는 않다. 우리는 동물에게 어떻게 상황을 인지시키고 메시지를 전달할 수 있을까? 가령 주사기를 두려워하는 동물에게 "주사기는 두려운 대상이 아니야"라고 전달하고 싶다면, 어떻게 하면 효과적일까?

주사를 맞을 때마다 좋은 일이 생기면 주사를 맞는 행동은 증가한다.

주사를 맞을 때마다 동물이 좋아하는 보상을 즉시 제공한다(행동 후에 좋은 일이 발생하면 그 행동은 증가).

물론 동물이 스스로 병원을 방문하고 주사 처방 행동을 증가시킬 수는 없다. 단, 병원을 방문하고 주사를 처방받는 상황에 대해 민감성이 감소한다고 이해하면 되겠다.

필자가 소개하는 원리들이 실제 동물병원 현장에서도 반드시 긍정적인 결과를 낸다고 보장할 수는 없다. 하지만 시행하지 않는 것보다는 심리적 안정에 조금이라도 도움이 된다면 보호자와 의료진은 고려해 보아야 하지 않겠는가?

*플러스 강화는 적절하게 응용하면 행동개선 및 교정에 큰 도움이 될 수 있다.

마이너스 강화 실무 예

*사람이 원하는 행동을 동물이 했을 때 동물이 싫어하는 것(처벌 등)을 빼주어서 그 행동의 빈도를 증가시키는 학습 원리.

밤새 우는 고양이를 방에 가두었더니 울음이 그쳤다. 보호자는 고양이를 방에서 꺼내어 주었다. 이 행동을 몇 차례 반복하니 고양이의 울음이 중단되었다.

화장실을 가리지 않는 고양이에게 계속 처벌을 했는데, 어느 날 화장실을 가려서 처벌을 중단했더니 이후로 고양이는 화장실을 가리게 되었다.

개가 짖을 때마다 계속 처벌을 했는데 어느 날 짖지 않아서 처벌을 중단했더니 개의 짖음이 중단되었다.

이때 보호자가 직접 개입하는 것보다는 동물을 케어할 때 사용하는 생활용품을 매개물로 사용하는 것이 효과적일 수 있다.

더구나 이러한 방법은 상호 간의 관계 형성에도 큰 영향을 끼치지 않는다.

예컨대 소파 위에 동물이 싫어하는 물건을 올려놓으면 소파에 오르는 행동이 감소되거나 중단될 수도 있다. 단, 그 물건이 동물에게 얼마나 자극적인지에 따라 결과는 다를 수 있다.

*마이너스 강화는 사람이 원하는 행동을 했을 때 동물이 싫어하는 자극을 빼주는 원리이다. 이는 다르게 해석하면 동물이 싫어하는 자극이 이미 지속적으로 주어진 상황이란 의미이다.

예 동물을 방에 가둬놓고 얌전히 있으면 방문을 열어주는 것은 전형적인 마이너스 처벌의 형태인데 이 경우는 이미 플러스 처벌이 주어진 상황이다.

자칫하면 동물에게는 가혹한 처벌이 될 수도 있다.

예 고양이의 엉덩이를 누르고 있으니 고양이가 앉았다.

이에 보호자는 엉덩이를 누르는 힘을 중단했다.

하지만 필자는 이러한 교육 및 훈련은 추천하지 않는다.

미리 간식을 준비했다가 고양이가 앉을 때 즉시 간식을 제공하는 방법도 있고, 고양이는 식후 및 배설 후에 그루밍을 하기 위해 바닥에 앉는 행동을 자주 보이는데 그럴 때도 교육을 할 수 있는 좋은 기회이다. 굳이 물리적인 힘을 이용해서 교육을 할 필요는 없다. 이러한 원리를 이해하는 과정이 동물행동 심리학이다.

그 외에도 행동학적 학습 이론을 이해하면 다양한 방법들을 사용할 수 있다. 때문에 적절히 상황을 판단해서 응용하는 것이 중요하겠다.

플러스 처벌 실무 예

*사람이 원하지 않는 행동을 동물이 했을 때 동물이 싫어하는 것(처벌, 불쾌자극, 혐오자극, 강력한 자극 등)을 더해주어서 그 행동의 빈도를 감소시키는 학습 원리.

실내에서 동물을 불렀는데 오지 않았다. 이에 보호자는 동물을 향해 소리를 지르고 물건을 던졌다.

산책 중에 개가 리드 줄을 당기면서 앞으로 끌고 나갔다. 이에 보호자는 리드 줄을 강하게 낚아 챘다.

산책 중에 개가 낯선 사람을 향해 짖었다. 이에 보호자는 개를 혼내고 머리를 쥐어 박았다.

이는 전형적인 플러스 처벌의 사례이다. 과연 이러한 보호자의 행동으로 문제행동이 근본적으로 개선될 수 있을까?

마이너스 처벌 실무 예

*사람이 원하지 않는 행동을 동물이 했을 때 동물이 좋아하는 것(유쾌한 자극)을 빼주어서 그 행동의 빈도를 감소시키는 학습 원리.

개가 보호자의 무릎 위로 점프하기 전에 보호자는 그 자리를 떠나버렸다.

*처음부터 개가 보호자의 무릎 위로 점프할 수 있는 기회를 주지 않는다.

개가 보호자의 무릎 위로 점프하였다.
이에 보호자는 개에게 아무 반응 없이 방으로 들어가 버렸다.

놀이 중에 고양이가 보호자의 발등을 할퀴려는 태도를 보일 때 보호자는 놀이를 중단하였다.

놀이 중에 고양이가 보호자의 발등을 할퀴었다.
이에 보호자는 고양이에게 아무 반응 없이 밖으로 나가버렸다.

*마이너스 처벌은 적절하게 응용하면 행동개선 및 교정에 도움이 될 수 있다.

10. 학습의 5가지 분류

동물은 다양한 자극에 의해 학습되는데 크게 아래와 같이 분류해 볼 수 있다.

❶ 모방/관찰학습: 다른 동물의 행동을 관찰하고 모방하여 학습하는 것

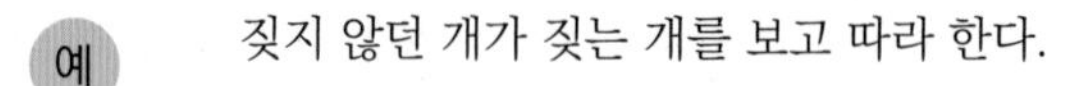

예 짖지 않던 개가 짖는 개를 보고 따라 한다.

화장실을 사용하지 않던 고양이가 다른 고양이가 화장실을 사용한 것을 보고 따라 한다.

❷ 연상학습: 2가지 이상의 관념이 하나로 연결되는 현상

예 자전거를 보고 놀란 개가 오토바이를 보고도 놀란다.

담요를 보고 놀란 고양이가 수건을 보고도 놀란다.

❸ 익숙: 반복적인 자극에 의한 자극이 중립화되는 현상

예 드라이기를 두려워했던 개가 드라이기에 적응했다.

브러시를 두려워했던 고양이가 브러시에 적응했다.

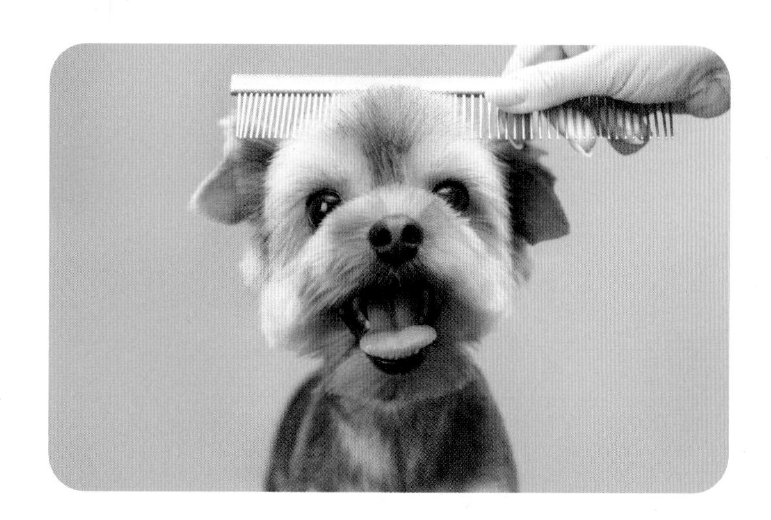

❹ 시행착오: 시행과 착오를 반복하면서 학습하는 것

예 숨겨둔 간식을 찾는 개

높은 곳에 오르는 고양이

쥐잡이 놀이를 하는 고양이

❺ 혁신: 새로운 것을 만들어 내는 행동

예 서랍장을 열어 간식을 찾아 먹는 개

수도꼭지를 열고 물을 마시는 고양이

혁신은 동물들에게는 매우 수준이 높은 학습 중에 하나이지만 조작적 조건형성을 응용하면 교육이 가능하다.

11. 보상/보상작용(Compensation)

스키너에 의해 많이 연구되고 발전하였다. 동물의 학습에서 자주 사용되는 개념이며 '보상'은 '보상작용'이라는 개념과 함께 이해해야 한다. 단순히 보상이란 개념만 생각한다면 칭찬, 간식, 놀이, 산책 등 좋은 것만 떠올릴 수 있기 때문이다.

하지만 필자가 강조하고 싶은 것은 보상의 개념은 상황에 따라 다르게 수용되고 결과 또한 다르게 해석될 수 있다는 것이다.

보상작용은 동물이 신체 및 심리적으로 힘들거나 부족한 부분을 다른 측면으로 보완하려는 심리적 작용이다. "앉아 있었기 때문에 간식을 먹어야 한다." "기다렸기 때문에 간식을 먹어야 한다." 힘들었기 때문에 간식으로 보완하려는 심리적 작용이다.

이처럼 보상은 반드시 '보상작용'과 연결되어 있다. 이는 우리의 일상생활에서도 찾아볼 수 있다. "스트레스를 받았더니 쇼핑하고 싶다." "스트레스를 받았더니 음식을 먹고 싶다." 이것이 바로 '보상작용'이다.

예 나는 외로우니 음식을 많이 먹고 싶어(식탐)

나는 두려우니 많이 짖고 싶어(발성, 짖음, 울음)

나는 혼란스러우니 배설을 아무 곳에 해야 해(배설)

나는 혼났으니 보호자를 공격할 거야(공격)

나는 체구가 작으니 마킹을 더 많이 해야 해(영역)

나는 체구가 작으니 더욱 공격적이어야 해 (공격)

*때문에 체구가 작은 개들이 공격성이 강한 행동을 보이는 경우를 종종 볼 수 있고 오히려 체구가 큰 개들이 얌전한 행동을 보이는 것을 볼 수 있다(체구가 작은 강아지가 큰 개에게 덤벼드는 상황).

이 모든 심리적 작용이 '보상작용'에 의해 일어난다고 볼 수 있다.
이처럼 '보상작용'은 부족한 부분을 다른 무엇으로 채우려는 심리적 작용이다.

12. 보상 타이밍(Compensation Timing)

스키너에 의해 많이 연구되고 발전한 분야이다. 동물이 특정 행동을 할 때 보상을 받는 시점은 행동을 유발, 유지, 반복하는 데 매우 중요한 역할을 한다.

동물에게 보상을 제공할 때는 적절한 시점이 필요하나 적절한 시점, 즉 Timing을 정의하는 것은 쉽지 않다. 이는 개와 고양이는 수많은 품종이 있기 때문에 각각의 동물 발달 상태, 건강상태 및 지능에 따라 차이가 있기 때문이다.

사람의 경우는 지난달 시험성적이 우수하여 이번 달 용돈을 올려 받았을 경우 시험성적과 용돈의 상관관계를 이해할 수 있지만 동물의 경우는 그렇지 못하다.

이러한 원리 때문에 동물들의 문제행동이 발생하는 경우가 상당히 많다. 그렇기 때문에 개와 고양이를 학습시킬 때는 '즉상즉벌'의 개념을 이해하고 접근해야 한다.

보상 타이밍은 동물의 발달 상태 및 지능에 상관없이 즉각적일 때 효율적일 수 있다. 필자의 실무 경험에 의하면 어떤 행동이 일어날 때 즉시(2~5초 이내) 해주는 것이 효과적이었다. 시간이 많이 지날수록 보상의 의미는 감소될 수밖에 없다. 동물들은 연상작용 능력이 사람보다는 부족하기 때문에 보상이 즉각적이지 않으면 자신이 무엇 때문에 보상받고 처벌받는지 인지하기 어렵기 때문이다.

보상은 일정한 시간에 일정한 간격으로 제공해 주는 것보다는 반 무작위로 제공해 주는 것이 더 효과적이다. 보상 스케줄은 다음 예와 같다.

예 보상-보상-보상-무보상-보상-보상-보상-무보상-보상-무보상-보상-무보상

동물의 어떤 행동을 강화하기 위해서는 보상을 일정하게 제공하는 것이 효과적이지만 시간이 지남에 따라 일정한 보상은 기대감이 감소되기 때문에 반 무작위로 해주는 것이 더 효과적이다. 일정한 보상은 자극의 수용 정도가 감소한다.

예 매일 식기에 사료를 가득 제공하면 식욕이 저하될 수 있다.

매일 차려진 밥상은 음식의 고마움을 잊어버리게 되는 것과 같은 원리이다.

우리도 매일 사용하는 물과 공기에 대한 고마움을 알기는 힘들다.하지만 반 무작위로 단수가 되고 공기가 차단된다면 물과 공기의 소중함을 알게 되는 것과 같은 원리이다. 도박에서의 예를 든다면 카지노 게임, 룰렛과 같은 원리이다.

*적절한 보상은 어떤 행동을 강화할 수 있다.

식사할 때마다 맛있는 반찬이 있다면, 식사량이 증가할 수도 있다. 식사할 때마다 맛없는 반찬이 있다면 식사량이 감소할 수도 있다.

13. 소거 버스트(Extinction Burst)

스키너에 의해 많이 연구되고 발전된 부분이다. 현재까지 강화되어온 반응이 갑자기 강화되지 않을 때 어느 시점에 그 반응이 더욱 강해지는 것이다. 즉 소거되기 전에 더욱 심해지는 현상이라 이해하면 되겠다.

이럴 때 보호자는 무척 당황하게 되는데 이 시기를 잘 넘기면 그 행동은 소거된다.

예 보호자가 현관문으로 들어서는 상황에서 개가 보호자의 무릎으로 점프할 때 보호자가 개를 반겼다.

만약 보호자가 개를 반기지 않는다면 개는 어떤 반응을 할까?

① 점프하는 행동이 소거된다.

② 점프하는 행동이 더욱 강해진다.

개체 및 상황에 따라 다르겠지만 대개는 점프하는 행동이 더욱 강해지는 행동반응을 보인다.

질문: 이런 경우는 어떻게 교정해 줄 수 있을까?

답변: 개의 점프 행동이 소거될 때까지 계속 외면한다(사회적 처벌 중에서도 마이너스 처벌이다. 동물의 입장에서는 보호자의 관심이 마이너스되었기 때문이다).

개를 외면했을 때 점프하는 행동이 더욱 반복되고 강해지는 시점이 있는데 그때 개가 원하는 반응을 해주면 안 된다. 행동교정을 할 때는 항상 일관성 있는 대처를 해야 빠른 효과를 볼 수 있다. 교정 중간에 마음이 약해져서 이전에 했던 반응을 다시 해주면 문제행동은 더욱 강화될 수도 있기 때문이다. 따라서 한번 시작했으면 끝까지 일관성을 유지하고, 그럴 자신이 없으면 처음부터 시도하지 않기를 권고한다.

개가 보호자에게 음식을 달라고 보채는 행동을 소거하기 위해 음식 제공을 중단하면, 초기에는 개가 더 강하게 음식을 요구할 수 있다. 개는 이전에 음식을 요구하는 행동을 취하면 음식을 얻었던 경험이 있기 때문이다. 이 개는 경험에 의해 학습이 되었다.

실무사례 예

질문: 개의 건강이 좋지 않은 상황에서 제가 서 있을 때 저의 무릎으로 점프하는 경우는 외면하기 힘들어요.

답변: 이런 경우는 개의 건강에 문제가 생길 우려가 있기 때문에 '외면'하는 교정 방법은 건강이 나빠질 수도 있는 상황이다.

개가 점프할 때 보호자가 즉시 자리에 앉으면 더 이상 점프하지 않는다. 개는 반가운 마음에 흥분하여 보호자의 얼굴과 대면 및 접촉하기 위해 점프하기 때문이다. 개가 차분해지면 그때 일어서서 이후의 행동을 하면 된다. 자세한 내용은 행동교정 부분(5장)을 참조하자.

실제 무릎골 탈구 수술 후에 이러한 행동을 많이 하는데 이 문제는 보호자들의 주 호소 중에 하나이며 문제행동 때문에 재발되는 경우도 많다. 그동안 보호자의 주 호소에도 불구하고 동물병원 직원이 이 문제를 명확하게 상담하기란 결코 쉽지 않았다. 이제부터 독자는 보호자와 동물을 더욱 안전하게 상담할 수 있을 것이라 기대한다.

필자가 꼭 전하고 싶은 말

행동학적 이론을 응용해도 반드시 원하는 결과를 장담할 수는 없다. 지금까지의 모든 예시와 사례들은 원하는 결과의 가능성을 높일 수 있음을 설명하고자 할 뿐, 반드시 결과를 보장할 수는 없다.

간혹 어떤 병원의 직원은 결과를 장담하고 보호자를 상담하는 경우가 있는데 이는 매우 위험한 행동이다.

때문에 필자는 "명확한 것은 어렵다" "정의는 어렵다" "~할 수도 있다"라는 표현을 하고 있다.

살아있는 생명체는 똑같은 환경에서 똑같은 자극을 주어도 상황에 따라 다르게 반응할 수도 있기 때문이다. 그러니 본 교과목에서의 모든 예시와 실무사례들은 참조만 하기를 바란다.

1. 정상행동 정의
2. 비정상 행동 정의
3. 비정상적 행동의 원인
4. 강박장애 교정 및 치료
5. 외상 후 스트레스 장애(PTSD)
6. PTSD 주요 증상 및 원인, 치료
7. 개와 고양이의 Stress Body Signal

04

동물의 정상행동과 비정상 행동

1. 정상행동 정의

정상과 비정상을 구분하는 기준은 환경과 상황에 따라 차이가 있기 때문에 명확한 정의를 내리기는 어렵다. 다만 동종의 개체와 비교하였을 때 일반적인 행동을 기준으로 정상과 비정상을 구분할 수 있다. 비교 대상이 없을 시에는 선조종 또는 근연종의 행동과 비교하여 구분하기도 한다.

정상 행동의 예

수컷 개는 배뇨할 때 한쪽 다리를 든다.
암컷 개는 배뇨할 때 엉덩이를 들고 앉은 자세를 취한다.
개는 낯선 개와 인사를 할 때 엉덩이 냄새를 맡는다.
개는 흥분하거나 기분이 좋을 때 재채기를 한다.
개는 음식을 잘 씹지 않고 삼킨다.
개는 한 번에 많은 양의 음식을 먹는다.

고양이는 모래에 배설 후 모래를 덮는다.
고양이는 높은 곳을 선호한다.
고양이는 구석진 곳을 선호한다.
고양이는 스크래처를 사용한다.
고양이는 그루밍을 자주 한다.
고양이는 밤에 주로 활동한다.
고양이는 물을 많이 먹지 않는다.
고양이는 적은 양의 음식을 자주 먹는다.
고양이는 육식을 선호한다.

단, 절식, 과식, 다음, 이식(이기), 식욕감퇴 및 식욕장애, 소화장애, 복통, 구토, 수면장애, 기면증, 설사(혈뇨, 혈변), 잦은 배변 및 배뇨, 배변곤란, 요실, 가려움증, 골관절 이상에 의한 파행, 운동마비 증상, 기침 등의 증상은 정상행동과 명확히 구분되어야 한다.

2. 비정상 행동 정의

비정상 행동은 동종의 개체와 비교하였을 때 일반적인 행동의 기준을 크게 벗어나는 행동으로 구분한다. 비교 대상이 없을 시에는 선조종 또는 근연종의 행동과 비교하여 구분하기도 한다. 비정상 행동은 어떤 자극에 대한 과도한 감정적인 반응으로 정상 행동이 방해된 상태이다. 과도하거나, 부적절하거나, 지속적인 자극은 불안감을 일으키고 결국 비정상적인 행동으로 표출된다.

하지만 동물의 입장에서는 정상적인 행동이나 그 행동을 문제제기하고 해결하기를 원한다면 이 또한 비정상 행동으로 간주되기도 한다. 가령 야생에 있던 고양이를 실내에 가두어 놓으면 당연히 지정된 화장실을 잘 이용하지 못하거나 밤에 울 수도 있다. 이는 야생 고양이의 입장에서는 정상적인 행동반응이다. 하지만 보호자가 이 문제로 불편함을 호소하고 문제해결을 원하는 시점부터는 비정상 행동으로 간주될 수도 있다.

실제 이러한 문제로 행동 상담이 이뤄지는 경우가 아주 많다. 반려동물들은 사람의 문명에 부적응하게 되고 대부분의 시간을 실내에 구속되어 있기 때문에 다양한 문제들이 발생할 수밖에 없는 것이 현실이다. 때문에 비정상 행동의 정의는 동물과 인간의 상호관계에서 발생하는 불편함의 정도에 따라 구분될 수 있겠다.

예 '야생 고양이를 집에 데려왔더니 밤마다 우는 상황'

어떤 보호자는 이 행동을 심각한 문제로 받아들이지만, 어떤 보호자는 당연한 것으로 받아들이기 때문이다.

주요 특징

① 본래의 행동 양식을 벗어난 경우(상동행동, 공포증, 강박증 등)

② 같은 행동을 계속적으로 반복(상동행동, 정형행동)

③ 본래의 행동양식이지만 행동의 빈도가 많거나 적은 경우(성행동, 배설행동, 그루밍, 발성, 수면, 활동성, 과식, 절식 등)

④ 인간사회에 비협조적인 경우(짖음, 울음, 공격, 배설, 경계, 과활동성 등)

예 ① 본래의 행동 양식을 벗어난 경우: 수컷 개가 배뇨할 때 앉은 자세를 취한다.

② 본래의 행동 양식이지만 행동의 빈도가 많거나 적은 경우: 개가 앞발을 지속적으로 그루밍한다.

③ 인간사회에 비협조적인 경우: 고양이가 야간에 지속적으로 운다.

그 외에도 다양한 행동들이 있다.

- 고양이가 모래에 배설 후 모래를 덮지 않는다.
- 고양이가 높은 곳을 회피한다.
- 고양이가 스크래처를 사용하지 않는다.
- 고양이가 그루밍을 하지 않는다.
- 고양이가 기지개를 켜지 않는다.
- 고양이가 물을 과하게 많이 먹는다.
- 고양이가 음식을 과도하게 많이 먹는다.

개의 정상적인 행동 특성

① 넓은 곳을 뛰기를 좋아하고 한 번에 장거리 이동도 가능하다(지구력 발달).
② 먹이 및 물건을 감추거나 저장한다.
③ 냄새 나는 것에 관심을 보인다.
④ 자기 활동 영역을 오줌으로 표시한다.
⑤ 움직이는 것을 추적하려 한다.
⑥ 귀소본능이 강하다.
⑦ 경계 본능이 있다(짖음).
⑧ 그루밍을 한다.
⑨ 많은 양을 한 번에 먹는다.
⑩ 수컷은 대부분 한쪽 다리를 들고 배뇨한다.

고양이의 정상적인 행동 특성

① 넓은 곳을 뛰기보다는 주로 높은 곳이나 구석진 곳을 좋아하고 주로 단거리 이동을 하는 편이다(순발력 발달).

② 1일 16시간 정도를 자며 주로 오후에 잠을 잔다.

③ 따듯한 곳에서 자는 것을 즐기지만 구석지고 어두운 곳도 즐긴다.

*세탁기 안에서 잠을 자다 사망하는 경우도 있다.

④ 냄새 나는 것에 관심을 보인다.

⑤ 발톱으로 물체를 긁어서 표식한다(스크래치).

⑥ 자기 활동 영역을 오줌으로 표시한다.

⑦ 움직이는 것을 추적하려 한다.

⑧ 개보다는 비교적 그루밍을 자주 하는 편이다.

⑨ 스크래처를 한다.

⑩ 밤에 주로 활동하는 경우가 많다.

⑪ 적은 양을 자주 먹는다.

⑫ 개에 비해 비교적 음수량이 적은 편이다.

⑬ 암수 관계없이 앉은 자세로 배뇨한다.

3. 비정상적 행동의 원인

비정상 행동의 원인은 다양하겠지만 본 교과목에서는 주요 원인에 대해 소개한다.

❶ 두려움증: 심리적으로 두렵거나 불안한 경우, 우울증, 강박장애, 압박감, PTSD, 인지장애 증후군 등이 동반될 수도 있다.

특징: 두려움의 원인이 제거되면 회복되고, 자주 노출되었을 때는 반응이 개선되거나 둔감해짐.

❷ 공포증: 심리적으로 공포스럽거나 매우 불안한 경우, 우울증, 강박장애, 압박감, PTSD, 인지장애 증후군 등이 동반될 수도 있다.

특징: 공포증을 일으키는 원인이 제거된 이후에도 지속적으로 공포증상을 나타내는 상태로서 잦은 노출에도 개선되지 않는 상태.

❸ 강박장애: 심리적으로 공포스럽거나 매우 불안한 경우, 상동행동, 우울증, 강박장애, 압박감, PTSD, 인지장애 증후군 등이 동반 될 수도 있다.

특징: 동물의 의지와 무관하게 특정 행동과 비정상적 행동을 반복하는 상태. 동물에게 강박장애 및 상동행동은 매우 빈번히 발생하는 행동 중에 하나이다.

똑같은 행동을 반복하는 것을 상동행동이라고 한다. 감정적인 스트레스와 좌절적인 상태에서 나타나며, 자극 원인이 소멸되거나 지칠 때까지 반복적인 행동을 보인다. 동물에서 나타나는 강박장애는 다음과 같다.

예 과도한 꼬리 쫓기 및 뜯기, 과도한 그루밍, 자해, 자위, 과도한 짖음 및 울음, 잦은 배뇨, 잦은 섭식, 배회 등의 상동행동 등.

❹ PTSD: 외상 후 스트레스 장애(Post Traumatic Stress Disorder)

❺ 유전: 유전적으로 신경전달물질인 도파민(Dopamine)이 낮은 개체

*유전적으로 비정상적인 행동의 소견이 있더라도 발육 단계에서 사회화 과정에 따라 극복될 수도 있다.

⑥ **호르몬 변화:** 호르몬 변화에 의한 일시적인 원인(발정기, 계절변화 등)

⑦ **관찰/모방학습:** 다른 동물의 행동을 관찰 및 모방하는 행동

⑧ **부적절한 개입 및 교육:** 비정상적인 행동을 했을 때 부적절한 개입 및 교육

⑨ **무료:** 1일 에너지 소모량이 부족하거나 동물의 생활이 단조롭고 무료한 상태

⑩ **인지장애 증후군:** 흔히 치매로 알려진 질환이며, 뇌 신경 기능의 손상 및 노화로 인해 아래와 같은 증상을 보인다.

- 방향감각 상실
- 가족과의 상호관계 문제
- 수면 사이클의 변화
- 환경 부적응
- 활동성 변화
- 식욕 조절 문제
- 음수량 조절 문제
- 인지상실

4. 강박장애 교정 및 치료

강박행동이 점점 심해지고 유발하는 원인 요소가 증가하면 작은 자극에도 증상이 발현되고 통제가 어려워진다.

강박장애 진단

전형적인 병력인 건강상태, 유전적 영향, 품종의 영향, 발육 및 발달 상태, 인지능력 정도, 과거 생활환경, 현재 생활환경 및 주 보호자의 양육방식을 점검해 보아야 한다.

강박장애 치료

강박장애는 행동학적 치료와 약물치료를 병행할 때 효과적이다.

- 강박행동을 강화하는 유발 행동 금지(외면)
- 환경을 개선해 스트레스/자극 최소화(사회화, 놀이)
- 대체할 수 있는 다른 새로운 반응을 가르침(역 조건화 훈련)
- 약물치료로 항우울제 사용 등

5. 외상 후 스트레스 장애(PTSD)

동물도 사람처럼 견딜 수 없는 심각한 사건 후에 신체와 정신이 정상적으로 회복되지 못하여 심각한 감정적인 문제를 겪기도 하는데 이것을 '트라우마(trauma)'라 한다. 트라우마 상태에서 적절히 회복되지 못하고 계속 진행되면 '외상 후 스트레스 장애(PTSD)'로 발전되기도 한다. 일반적으로는 신체적 손상에 의한 결과이나 심리학에서는 정신적 손상도 포함시킨다.

트라우마는 특별한 사건이 이미지화되어 단기기억이 장기기억으로 발전된 상태이다. 사고에 의한 외상 또는 정신적 충격으로 사고 당시와 비슷한 상황에 노출되었을 시 스스로 통제할 수 없을 만큼 극도로 불안해하고 정상적인 판단이 불가능하다. 동물들도 다양한 자극 및 경험에 의해 트라우마와 PTSD 증상을 겪는 경우가 많다.

예 농장에서 구속되어 대량으로 사육된 동물

한정된 공간에 구속되어 사육된 동물

질병 및 굶주림에 극심하게 노출된 동물

병원 진료 및 수술에 대한 부정적 경험을 한 동물

학대를 반복적으로 직접경험 및 간접경험한 동물

특정 소음에 반복적으로 노출된 동물(철도, 비행장, 공사장, 사격장 주변 동물)

특정 냄새에 반복적으로 노출된 동물(화학공단, 알코올, 석유 등)

화재, 수해, 지진 등 자연재해에 노출된 동물

물리적 충격을 받은 동물(교통사고, 교상 등)

*교상: 물림에 의한 상처 및 사고

6. PTSD 주요 증상 및 원인, 치료

◆ 주요 증상

외상 후 스트레스 장애(PTSD)를 겪는 동물은 상황이 종료되었음에도 계속해서 당시의 상황을 떠오르게 하는 활동이나 환경을 회피한다. 신경이 날카로워지거나 집중을 못 하고 수면에도 문제가 생긴다. 스스로의 통제력을 상실하거나 공포감을 느낄 수도 있다.

생명의 위협을 받은 동물은 누구나 트라우마 증상이 있을 수 있고 더 나아가 외상 후 스트레스 장애를 겪을 수도 있다.

◆ 원인

동일한 상황에서도 모든 동물에게 같은 증상이 나타나는 것은 아니며 타고난 기질, 건강상태, 과거의 경험, 스트레스에 대한 취약성 정도에 따라 차이가 있다.

이처럼 발병 원인은 여러 가지 요소가 있다. 사건 이전, 사건 자체 요인, 외상 후 요인이 모두 복합적으로 작용하여 외상 후 스트레스 장애를 보인다.

아래와 같은 경우 외상 후 스트레스 장애가 발병할 소지가 더 높다.

- 질병이 있는 경우
- 과거에 생명에 위협이 되는 사건을 직/간접적으로 경험한 경우
- 감성기 시기에 파양, 이소(이사)한 경우
- 우울 장애, 불안 장애가 동반된 경우
- 정신질환을 가진 동료 및 가족(보호자)이 있는 경우
- 사회성이 부족한 경우
- 아끼는 동료 및 가족을 잃은 경우
- 극심한 스트레스를 받았던 경우

*특히 감각기관이 예민한 동물일수록 발병 가능성이 높다.

◆ 개와 고양이의 예민한 감각기관

Misophonia(청각과민증, 선택적 소음 과민증후군)

특정 소리에 지나치게 예민한 상태이다. 개와 고양이에게 흔한 증상이며 특히 고양이에서 자주 관찰된다.

Hyperesthesia(감각 과민증)

피부의 감각, 특히 통증 감각이 지나치게 예민한 상태이다. 핸들링에 예민한 동물에서 자주 나타난다.

*동물의 수염, 앞발 등은 감각이 과민한 편이다.

Hyperosphresia(후각 과민증)

후각이 지나치게 예민한 상태이다.

*사료를 자주 교체해 주거나 화장실 청결을 유지해야 하는 경우이다.

Hypergeusesthesia(미각 과민증)

미각이 지나치게 예민한 상태이다.

*개와 고양이의 경우는 미각보다 후각에 예민해서 문제행동이 발생하는 경우가 잦다.

◆ PTSD의 행동적 증상

- 무기력해진다.
- 음식, 놀이, 타 개체에 대한 관심이 없어진다.
- 집중력이 저하되고 결정을 내리기 어렵다.
- 갑작스러운 소리에 예민하거나 쉽게 놀란다.
- 늘 경계 태세이며 과민하다.
- 악몽을 꾸거나, 사건 당시의 기억을 회상하고, 환청, 환각 증상을 보인다(Flash Back 증상).
- 일상생활을 정상적으로 하기 힘들다.

◆ PTSD의 생리적 증상(편도체 활성화에 의한 공포감 극대화)

- 소화장애, 설사, 변비, 핍뇨 증상을 보인다.
- 화장실을 잘 구분하지 못한다.
- 대, 소변의 양이 늘거나 줄고 화장실을 자주 이용한다.
- 수면을 충분히 취하지 못하고 늘 피로감이 있다.
- 과도한 그루밍과 과도한 발성을 한다.
- 식욕부진, 과도한 식탐, 호르몬 불균형, 면역저하, 빈호흡, 과호흡, 불규칙한 호흡 증상이 있다.
- 혀를 내밀고 있거나 침을 흘리고 거품을 문다.
- 잠을 자다가 발작을 한다.
- 기존의 신체질환이 악화된다.

◆ PTSD의 심리적 증상

- 과민하거나 우울하며 공포 및 슬픔을 느낀다.
- 긴장 상태가 지속된다.
- 사건과 관계 있는 사람, 동물, 식물, 장소, 사물을 회피한다.
- 불안, 초조, 긴장, 분노, 적개심, 공포, 우울증, 무기력증, 피로, 욕구좌절, 신뢰감이 부족해진다.

◆ 사건의 재경험 증상

사건 당시의 오감(시각, 청각, 후각, 촉각, 미각)을 반복적으로 회상한다.

◆ 회피

사람, 동물, 특정 장소, 특정 물건을 회피한다. 사건을 떠올리게 하는 모든 단서들을 회피하려고 하다 보니 공격, 회피, 경직, 고립된다.

◆ 과잉 각성

소리, 냄새, 조그만 움직임 등에도 매우 예민하다.

◆ PTSD의 치료 및 교정

사람의 경우는 안구운동 민감소실 및 재처리 요법(EMDR)을 적용하기도 하지만 안타깝게도 동물의 경우는 사실상 적용이 불가능하다.

하지만 트라우마로 인한 왜곡된 사고를 교정하여 일상생활에서 나타나는 부적응적 행동을 적응적 행동으로 변화하는 정도의 목표를 기준으로 한다면 역 조건화, 체계적 둔감화, 강화와 같은 행동이론을 응용해 볼 수는 있겠다.

7. 개의 Stress Body Signal

1	Yawn(하품)
2	Turning head(고개 돌리기, 외면)
3	Trembles(몸 떨기)
4	Nose licking(코 핥기)
5	Low activity(낮은 자세)
6	Looking elsewhere(다른 곳 쳐다보기)
7	Crying, yelp, whining, whimper(울음)
8	Paw lifting(다리 들기)
9	Turning around/circling(배회, 주변 돌기)
10	Excessive barking(과도한 짖음, 발성)
11	Auto grooming(몸 핥기)
12	Urination and/or defecation(배뇨 및 배변)

고양이의 Stress Body Signal은 연구된 바 없지만 필자의 경험을 바탕으로 설명하니 참고만 하도록 하자.

하품, 혀 내밀기, 외면, 몸 핥기, 낮은 자세, 배회, 숨기, 발성, 다른 곳 쳐다보기, 기지개 켜기, 눈 감기, 꼬리 털기, 스크래치, 배뇨 및 배변 등이 있다(개의 Stress Body Signal과 일치되는 부분이 많다).

1 행동교정의 정의

2 문제행동의 4가지 분류

3 교정도구

4 행동교정 전 준비사항

5 행동수정 절차

6 행동교정 순서

7 행동교정 방법 선택

05

행동교정의 정의, 교정도구, 절차, 준비사항, 순서, 방법 선택

1. 행동교정의 정의

동물이 비정상적인 행동을 하거나 사람이 원치 않는 행동을 할 때 그 행동을 교정하고 목표행동을 증진시키는 행위이다.

이러한 결과를 얻기 위해서는 동물의 행동과 심리를 이해하여 행동학적 이론 및 학습을 기반으로 교정에 임해야 한다. 이로써 행동교정 및 훈련 과정에서 동물의 학대를 예방하고 동물을 안전하게 보호할 수 있다.

올바른 행동교정은 동물의 삶의 질과 복지를 증진할 수 있고 나아가 유기동물의 수를 감소시킬 수도 있다.

행동교정 및 훈련의 목표는 조건화, 강화, 처벌, 자극 등의 기법들을 다양하게 활용하여 긍정적인 소통으로 상호 간의 관계를 유지 및 개선하여, 동물과 사람 모두 삶의 질을 향상시키는 데 목표가 있다.

2. 문제행동의 4가지 분류

실용적인 행동

앉아, 기다려, 먹어 등 반려동물의 기본 예절 교육에 도움이 된다.

중요 행동

이리와, 멈춰 등 반려동물의 안전과 관련이 있는 필수 통제 행동이다.

민폐 행동

짖음, 신발 뜯기, 음식 조르기 등 사람에게 피해를 주는 행동이다.

위험 행동

공격 및 자동차에 달려들기 등 다른 동물이나 사람과 자신도 위험할 수 있는 행동이다.

3. 교정도구

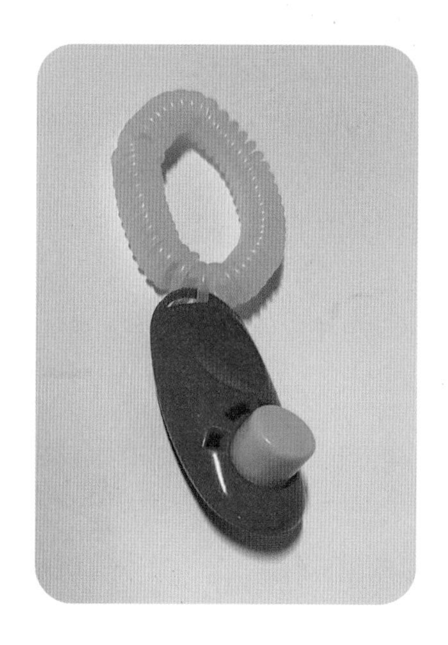

소리: 일정한 소리를 내는 모든 것

예 Clicker, 볼펜 버튼, 손뼉 치기, 무릎 치기 등 일정한 소리신호를 줄 때 사용한다.

낚싯대: 동물의 시력이나 인지기능을 관찰할 때 주로 사용된다. 낚싯줄에 동물이 호기심을 가질 만한 물건을 달아서 흔들어 준다. 이때 동물의 인식 수준, 회피 정도 및 행동을 관찰해서 해당 동물의 시력과 기질 등을 대략적으로 관찰할 수 있다.

루어(Lure): 흔히 간식이라는 표현을 사용하지만 동물에게 있어 간식이라는 개념은 없다. 행동교정에서는 '루어'라는 용어가 적합할 듯하지만 흔히들 통용되는 '간식'이라는 표현도 문제는 없다. 또한 동물을 유인하기 위한 모든 도구를 '루어'로 볼 수 있다.

레이저 포인트: 시력 및 기질을 관찰할 때 사용한다. 레이저 불빛을 사물이나 구조물에 쏘았을 때의 반응을 관찰한다.

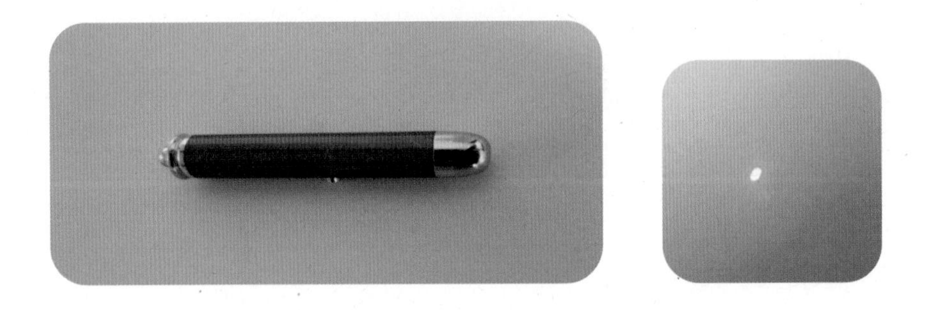

팁: 레이저 포인트를 이용한 동물이 좋아하는 물건 알아보기
조건: 같은 장소에서 색깔, 모양, 재질이 다른 방석으로 실험할 것

레이저를 A 방석에 쏘았을 때 A 방석 위로 올라갔다.
레이저를 B 방석에 쏘았는데 B 방석 위로 올라가지 않았다.
대상 동물은 B 방석보다는 A 방석을 좋아할 가능성이 크다.

방석, 수건, 담요: 휴식 공간(체류 공간)을 인지시켜 줄 때 필요하다. 동물들은 자신만의 안락한 휴식 공간이 반드시 필요하다.

터그(Tug): 줄다리기를 할 수 있는 끈이다. 행동교정 시에는 단순히 줄다리기 목적의 놀이도구로 사용하는 것이 아니라 동물의 감정을 적절하게 통제할 때 보상과 함께 사용하면 효과적이다. 즉 터그 놀이를 할 때 동물의 감정이 고조로 달하여 흥분하는 경우가 있는데 얌전히 포기할 때 보상을 해주는 방법으로 동물의 감정을 통제할 수 있다.

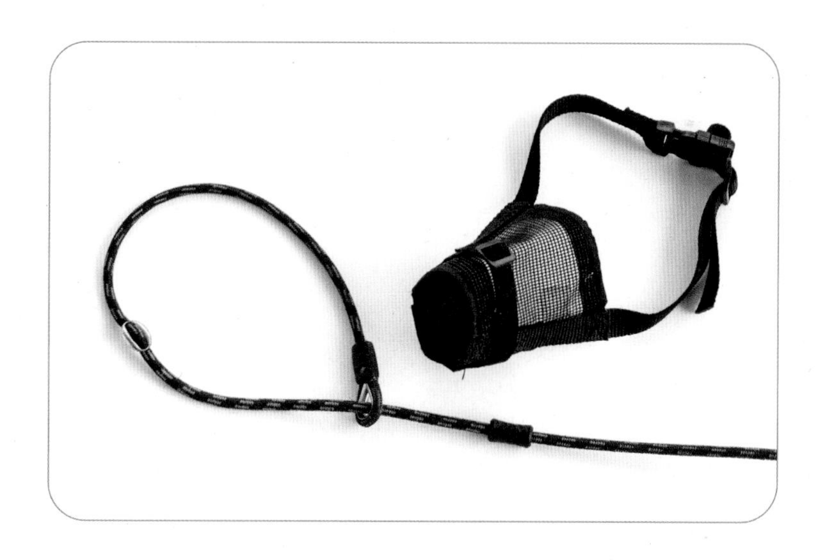

리드 줄: 사회성 및 외부 환경에 대한 적응 및 교정이 필요할 때 사용한다.

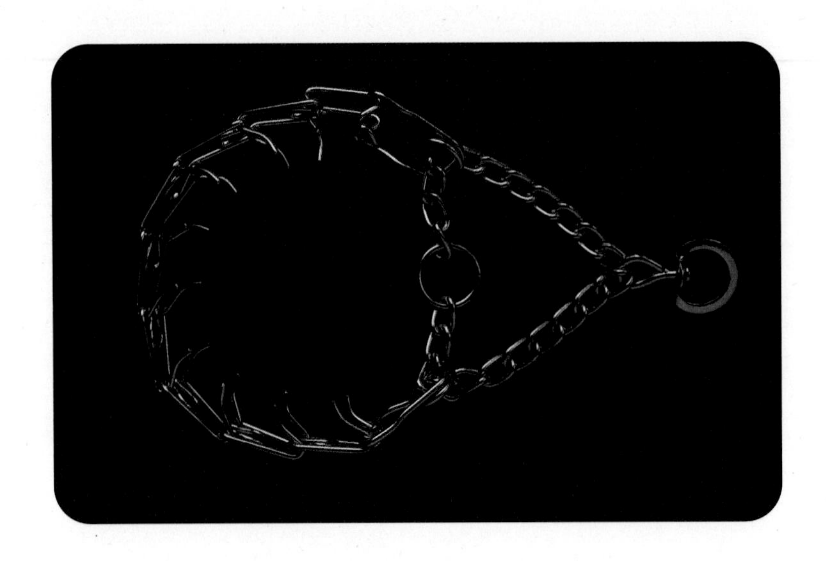

초크체인/핀치칼라: 주로 공격성이 매우 강하고 일반적인 리드 줄로 통제가 불가능할 때 사용하는데, 부적절하게 남용하는 경우 동물학대의 소지가 있을 수 있으니 반드시 전문가의 통제하에 사용해야 한다. 근간에는 긴급하거나 특수한 경우를 제외하고는 초크체인/핀치칼라를 사용하는 경우는 드물다.

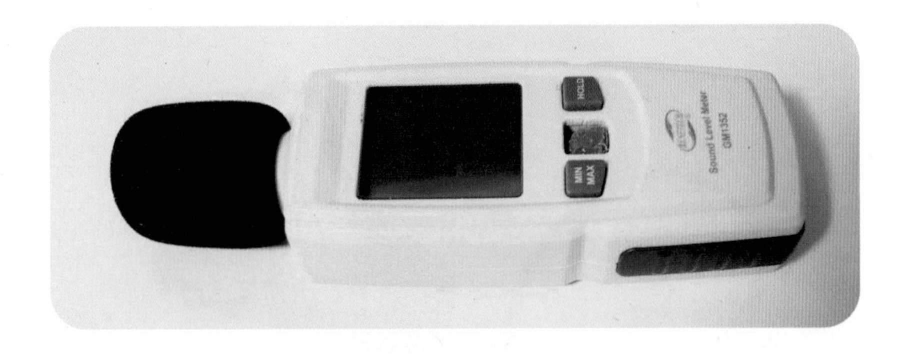

소음측정기: 동물은 대부분 소리에 아주 예민하기 때문에 실내 소음 수준을 측정할 때 사용된다. 특히 동물의 체류 공간 및 화장실의 위치를 지정해 줄 때 상대적으로 소음이 적고 데시벨이 낮은 곳을 찾을 때 용이하다.

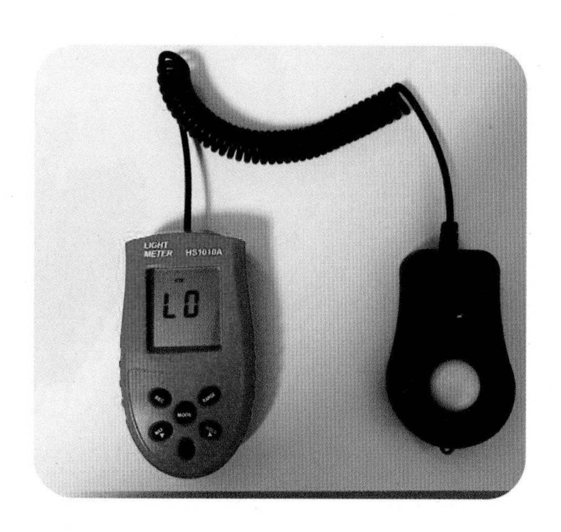

조도측정기: 주간보다는 야간 활동에 적극적인 동물의 경우는 실내 조명의 밝기에도 예민할 수 있다. 동물이 선호하거나 자주 머무는 장소의 조도를 측정하여 평균을 낼 때 사용된다.

마스킹 테이프: 동물의 활동 공간 및 운동 범위를 제한할 때 사용한다.

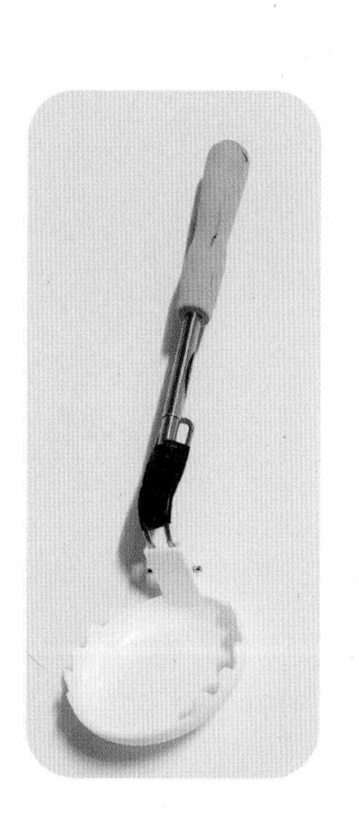
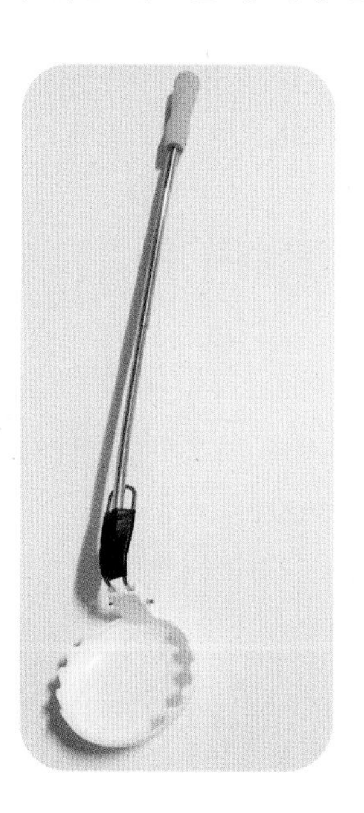

스틱스푼: 겁이 많은 동물에게 음식 보상을 해줄 때 스틱을 길게 연장하여 사용할 수 있다.

4. 행동교정 전 준비사항

❶ 의학적 조사

과거 및 현재 병력, 투약 확인은 필수이다.

건강진단으로 혈액검사, 오줌검사, 배변검사, 피부검사, 중추신경 검사, 방사선/초음파 검사, 눈/코/입 검사 등을 진행한다.

행동교정 전에 동물의 질병 여부에 대해서는 반드시 보호자 및 담당의사와 상의를 해야 한다. 가령 화장실을 잘 가리지 못하는 고양이를 행동교정할 때는 우선적으로 비뇨기계의 진단이 선행되어야 하는 것이 바람직하다. 또한 앞발을 과도하게 그루밍하는 개의 경우는 피부질환을 의심해 볼 수 있다.

❷ 정보수집

동물 이름, 성별, 나이, 중성화 여부, 상담날짜, 상담시간, 문제행동 발생시간, 반복시간, 문제행동 빈도 등을 수집한다.

❸ 동물행동에 대한 정상 및 비정상 판단 후 교정계획 세우기

5. 행동수정 절차

❶ 기록

문제행동을 분석해 기록하되 객관적 기준은 없으므로 부적절한 행동을 보일 시 차트를 만들어 기록한다.

❷ 관찰

대상 동물, 관찰자, 관찰 날짜, 목적을 명확히 하여 앞서 정했던 문제행동을 측정한다.

❸ 의학적 조사

건강진단, 혈액검사, 오줌검사, 배변검사, 피부검사, 중추신경 검사, 방사선/초음파 검사, 눈/코/입 검사 등을 진행한다.

6. 행동교정 순서

① 정보수집 및 내담자의 주 호소 파악(병력 체크)

② 동물의 기질 파악(불안정형, 안정형 등)

③ 인지 및 학습능력 파악(청각장애, 시각장애 등)

④ 발달 촉진 프로그램(시각, 후각, 촉각을 이용한 교정)

⑤ 내담자 교육 및 실습

⑥ 주의 사항 전달 및 상담 종료

7. 행동교정 방법 선택

① 순화(혐오 없는 자극에 반복 노출됨으로써 점진적으로 익숙해짐)

② 고전적 조건화(역 조건화, 체계적 둔감화, 탈 감각화)

③ 조작적 조건화(강화, 소거, 반응 형성, 자극 일반화)

④ 처벌(직접 처벌, 원격 처벌, 사회 처벌)

⑤ 약물요법

⑥ 의학적 요법(난소 자궁 적출술 및 거세를 고려)

*그 외에도 송곳니 절단, 성대 제거술, 발톱 제거술, 앞발 힘줄 절단술이 있으나 자칫 동물학대의 소지가 있기 때문에 최근에는 추천되지 않는 요법들이다.

1. 공격행동(교상, 물림, 할큄 포함)
2. 섭식 문제(이식, 절식, 과식)
3. 배설 문제(화장실)
4. 과도한 그루밍 문제(자가 손상, 자해)
5. 마운팅 문제
6. 발성 문제
7. 분리불안 문제
8. 파괴 문제
9. 상동행동 문제
10. 공포증(Phobia)
11. 기질의 정의
12. 기질에 따른 성격 분류

06

문제행동 분류에 따른 정의, 원인, 해결책

개와 고양이의 문제행동은 다양하지만 본 교과목에서는 크게 9가지로 분류하여 설명하며 특히 공격문제는 동물과 사람 모두에게 큰 피해를 주고 사회적으로도 가장 큰 문제가 되고 있기 때문에 자세히 다루도록 한다.

① 공격행동(교상, 물림, 할큄 포함)
② 섭식 문제(이식, 절식, 과식)
③ 배설 문제(화장실)
④ 과도한 그루밍 문제(자가 손상, 자해)
⑤ 마운팅 문제
⑥ 발성 문제
⑦ 분리불안 문제
⑧ 파괴 문제
⑨ 상동행동 문제
⑩ 공포증(Phobia)

1. 공격행동(교상, 물림, 할큄 포함)

공격행동의 정의

동물이 자신의 신체를 이용하여 타 개체에게 신체적 손상을 주는 행동이다. 직접적인 손상을 주지 않더라도 위협적인 행동으로 인해 개체의 심리 및 생리적 작용에 부정적인 자극을 주는 것도 공격에 포함할 수 있다.

반려동물의 공격행동은 사회적 관계를 악화시키고 학대, 격리, 구속, 파양 등의 결과를 초래하기도 한다. 또한 병원 진료 시 진단 및 치료의 질을 저하시키는 원인 중에 하나이다. 동물은 통증 및 다양한 자극에 의해 스트레스를 받거나 예민할 때도 공격성을 보이며 타고난 기질 및 환경에 의해서도 공격성을 보인다.

특히 동물이 갑자기 예민해지고 공격성을 보인다면 가장 선행되어야 할 것은 보호자 및 개체 간의 관계 형성과 환경을 점검해 볼 수 있다. 때로는 수의학적 진단 및 처치가 반드시 요구되는 경우도 있다.

◆ 동물의 공격성을 유발시키는 원인과 완화시키는 방법

아래는 동물을 예민하게 만드는 자극들이다.

- 생활 소음(외부, 내부)
- 대상(사람, 동물, 식물)
- 냄새(환경 호르몬)
- 환경(사물, 구조, 위치 등)

구체적인 원인으로는 선천적 기질, 후천적 영향, 트라우마, 인지장애, 통증, 잦은 환경변화, 입양, 파양, 생활 소음, 각종 부정적 자극, 주 보호자 반려 타입, 지나친 간섭, 부적절한 위생관리, 보호자 부재, 부적절한 관계 및 교육, 소통의 부재 및 오류 등이 있다.

반려동물이 공격성을 보일 때는 자극의 정도가 강력했기 때문이다. 가령, 고양이가 보는 앞에서 가족들이 반복적으로 심하게 다투거나 개가 잠을 자고 있을 때 반복적으로 핸들링하거나 귀찮게 하는 행동은 종국엔 동물을 예민하게 만들고 공격성을 유발시킨다.

동물과 함께 생활하면서 모든 것을 동물에 맞춰 주는 것은 사실상 불가능하지만 불필요한 자극은 줄여줄 수 있다.

자극을 최소화해주는 것만으로도 공격성은 감소된다.

물리적 자극 최소화

생활 소음, 진동, 방문 여닫음, 걸음걸이, 핸들링, 압각, 통각 등 물리적 자극을 최소화해야 한다.

> **예** 가정에서의 다양한 생활 소음은 환자와 예민한 상태의 동물에게는 매우 자극적이다. 특히 고양이의 경우는 더욱 그렇다.
>
> *참고로 반려동물은 '환축'이라 호칭하지 않고 '환자'라는 호칭을 추천한다.

반려동물의 이름을 호명하는 것은 동물과 보호자와의 친밀감을 형성하는 데 도움이 된다.

입양된 지 얼마 되지 않은 길 고양이는 실내 생활 소음에 적응하는데 때로는 1달 이상의 많은 시간이 소요되기도 한다. 고양이는 조리실에서 발생하는 각종 생활 소음을 이해할 수 없고 청소기 소리는 위협적으로 들릴 수도 있다. 방문을 여닫는 소리, 휴대폰 진동 소리, 드라이기, 세탁기, 에어컨, 선풍기, 환풍기, 전기포트, 전기밥솥, 냉장고, PC팬, 각종 벨소리, 초인종, TV, 라디오, 좌변기 물 내리는 소리, 도어락 소리, 위층의 발걸음 소리, 보호자의 발걸음 소리, 대화 소리조차도 고양이에게는 모두 낯설 뿐이다. 이 모든 생활 소음을 야생에서는 들어볼 수 없었기 때문이다.

반려동물이지만 아직 야생성은 남아 있고 인간의 문화를 이해할 수 없으며 각종 생활 소음과 냄새로부터 자유로울 수도 없다.

이처럼 낯설다는 것은 늘 불안감을 동반하기 마련이다.

아래는 필자의 실무사례 중 하나이다.

> **예** 보호자: 거실에 고양이를 두고 출근했는데 퇴근해서 와보니 고양이가 숨어서 나오질 않아요. 어제까지는 문제가 없었는데 갑자기 이런 행동을 보입니다. 그리고 거실 곳곳에 똥오줌을 지려놨습니다.

필자는 많은 경험에 의해 원인을 예측할 수 있었다. 원인을 분석한 결과 보호자가 실수로 베란다 외부 창문을 살짝 열어 두고 출근을 했던 것이었다. 외부에서 불어오는 바람결에 블라인드가 창문에 톡, 톡, 부딪혔다. 이 소리와 모습에 고양이는 너무 놀란 나머지 급성 트라우마 증상을 보였다.

우리의 상식으로는 도저히 이해할 수 없지만 고양이는 태어나서 이런 장면은 처음 경험했을 것이고 블라인드가 반복적으로 창문에 부딪히는 소리는 매우 공포스러웠을 것이다. 종일 집 안에 있었던 고양이는 그날 보호자가 퇴근할 때까지 그 소리를 듣고 있어야만 했다. 감시 카메라 확인 결과 블라인드의 움직임과 반복되는 소리에 고양이가 불안해하며 똥오줌을 지리는 모습이 관찰되었다.

때문에 생활 소음은 개와 고양이에게 공포스러운 자극이 될 수도 있다는 것을 염두에 두고 보호자 상담 시 안내해 주길 바란다.

> **예** 보호자: 집 안에 창문을 열어둔 것도 없는데 갑자기 반려견이 거실에는 나오지 않고 방 안에만 있으려고 합니다. 어제까지만 해도 거실에서 잘 활동했었거든요.

필자에게 오는 문의 내용 중에는 독자가 이해할 수 없는 행동들이 많다. 동물들은 도대체 왜 이런 증상을 보이는 것일까?

이 모든 원인은 '자극' 때문이다.

박민철: 최근에 집 안에 새로운 물건이 들어왔나요?(환경변화 점검)

보호자: 아니요. 없습니다.

박민철: 천천히 생각해 보자고요. 거실에 가구가 들어왔나요? 또는 위치변화는요?

보호자: 가구는 변한 게 없어요.

박민철: 그럼 전자제품이 새로 들어왔거나 위치변화가 있나요?

보호자: 네. 인공지능 알림 기계를 구매해서 거실에 두었습니다.

박민철: 그렇군요. 지금 알려드리는 방법은 다소 부작용이 있을 수 있지만 정확한 원인을 파악하기 위함입니다. 개가 놀랄 수도 있는 점 참고하시고요, 보호자께서 원하신다면 알려드린 대로 해보세요.
그 기계를 방 안으로 가져가서 방 안에 있는 개에게 보여주시고 소리가 나도록 해보시겠어요?

보호자: 네. 참고하고 해보겠습니다.

*이처럼 예견될 수 있는 부작용에 대해서 반드시 사전 설명하고 보호자의 동의를 구하는 것이 바람직하다.

반려견은 기계를 보자 즉시 구석으로 숨고 온몸을 떨었다.

기계에서 나오는 소리 때문에 반려견이 놀랐던 것이다.

보호자: 이런 경우는 어떻게 해결을 할 수 있나요?

박민철: 주차장에 차량이 있다면 반려견이 보는 앞에서 기계를 들고 현관문 밖으로 천천히 걸어 나가세요. 기계는 차량에 두시고 들어오실 때는 빈손으로 들어오세요.
그리고 반려견을 거실로 유도해서 맛있는 간식도 주시고 함께 놀아주신 후에 산책을 해주세요.
차량에 있는 기계는 종이상자로 포장해서 2주 후에 집으로 들고 오시고, 보이지 않는 곳에 숨겨두세요.

해석

반려견은 공포스러운 기계가 밖으로 사라진 것을 1차적으로 인지했다.

이후 거실에는 기계가 없음을 2차적으로 인지시켰고, 보상을 해주어서 거실에 대한 나쁜 기억을 수정해 주었다.

마지막으로 산책을 하기 위해 현관문을 열고 나갔을 때도 기계는 보이지 않았기 때문에 3차적으로 인지하고 안심을 하는 것이다.

특히 소리에 예민한 개와 고양이는 소리자극에 매우 주의를 해야 한다.

화학적 자극 최소화

냄새, 새 가구 및 새 물건 유입 주의, 스프레이, 방향제, 향수, 핸드크림, 화장품, 알코올, 약품, 담배, 입맞춤, 매니큐어, 리무버 등 화학적 자극을 최소화하기 위해 노력해야 한다.

개와 고양이의 후각은 매우 발달되어 있기 때문에 우리가 맡지 못하는 냄새들까지 맡을 수도 있다. 암세포 냄새까지 구분하는 훈련된 개와 붕괴된 건물의 잔해에서도 인명을 구조하는 개들은 모두 후각을 이용했기 때문이다.

사람의 문화에는 수많은 화학물질로 가득하다. 이러한 수많은 냄새들은 동물에게는 강력한 자극이 된다.

특히 새집으로 이사를 하거나 새로 입양된 동물의 경우는 냄새에 적응하는 데 상당히 많은 시간이 소요될 수도 있다. 때에 따라서는 평생 동안 적응을 못할 수도 있다.

우리가 사용하는 대부분의 물건들은 부식방지 처리가 되어있다. 종이 재질의 벽지는 원료가 나무이지만 부식 방지 처리되어 썩지 않는다. 즉 화학제품으로 코팅되어 있는 것이다. 사람은 이런 냄새를 일일이 맡을 필요가 없고, 잘 맡지도 못한다. 물론 새 제품인 경우는 사람도 힘들 수 있다(새집 증후군). 하지만 후각이 예민한 개, 고양이는 강제적으로 맡을 수밖에 없는 입장이다.

이런 생활환경에 늘 노출되어 있으면 호흡기에 이상이 생기는 것은 물론이고, 눈곱도 자주 끼고, 피부 트러블이 생길 수도 있다. 때문에 예민하거나 질환이 있는 동물은 환경이 자주 바뀌는 만큼 새롭게 적응해야 하는 부담이 클 수밖에 없다.

우리는 계절이 바뀌면 집의 내부와 물건들을 새 단장을 할 때가 있다. 이럴 때마다 동물들은 심각한 스트레스에 노출되기도 한다. 필자는 새 단장이 필수가 아니라면 자제하길 권고한다.

또, 향수를 몸에 가득 뿌린 채 개를 끌어안아 보정하려 한다면 개에게 물릴 수도 있다. 때문에 동물병원 직원은 자신의 몸에서 나는 냄새에 늘 주의해야 한다.

아래는 필자의 실무사례 중 하나이다.

예 보호자: 평소 저를 잘 따르던 고양이가 안으려고 하면 도망가고 갑자기 공격적인 행동을 합니다.

노예원: 최근에 고양이를 데리고 외출한 적이 있나요? 예를 들면 병원이나 미용실 등이요.

보호자: 없습니다.

노예원: 그럼 고양이에게 위생관리나 투약을 해주었나요? 혹은 목욕이나 털 손질, 미용, 발톱 손질 등이요.

보호자: 없습니다.

노예원: 혹시 보호자님 사용하시는 샴푸, 바디워시, 헤어제품, 향수, 화장품이 바뀌었나요?

보호자: 네. 향수를 바꾸었습니다.

노예원: 기존에 사용하던 향수와 새로운 향수 덮개를 열고 2m 간격으로 바닥에 두세요. 향수 앞에 고양이가 가장 좋아하는 간식을 줘보세요. 그리고 반응을 지켜봅니다.

보호자: 기존에 사용한 향수 앞의 간식은 잘 먹고요, 새로 바꾼 향수 근처는 가지도 않습니다.

노예원: 고양이에게 새로 바꾼 향수 냄새를 맡도록 해보세요.

보호자: 굉음을 지르면서 공격적인 행동을 보입니다.

이처럼 향수만 바꾸었을 뿐인데 고양이가 공격적인 행동을 할 수도 있다는 것을 독자들은 염두에 두어야 할 것이다.

물론 일부분의 고양이들에 대한 사례이지만 동물보건사는 반드시 숙지해 두어야 한다.

환경 자극 최소화

자연적 조건인 기후(온도, 습도, 일조량, 일사량, 바람, 기압)와 사회적 상황인 동물, 식물, 생물, 인간과의 관계, 그리고 생활 주위 상태인 이사(이소), 구조물, 사물 위치, 모양, 출입구, 창문, 문, 소음, 채색, 문양 등에서 오는 환경 자극을 최소화해주어야 한다.

자연적 조건

동물은 기후에 아주 예민하다. 기후에 예민해야지만 야생에서 생존할 수 있기 때문이다. 습도가 높아 비가 올 것 같은 날씨에는 사냥이 어렵다. 기온이 높은 날은 수분 보충을 자주 해야 하기 때문에 이동할 때 물이 있는 곳을 잘 탐색해야 한다. 가령 늑대 한 마리가 뜨거운 여름철에 드넓은 초원에서 사냥감을 찾기 위해 배회한다면 반드시 수분 보충을 해야 한다. 이는 야생 고양이나 들개도 마찬가지이다.

그렇다면 실내견과 고양이는 예외일까? 그렇지 않다. 이것은 동물의 생존 본능이기 때문에 예외는 없다. 동물에게 물의 공급은 늘 충분해야 한다. 때문에 급수기를 최소 1개 이상씩 제공하기를 당부한다. 특히 고양이는 이집트에서 유래되었기 때문에 물에 대해서 더욱 예민하다.

언급했듯이 온도와 습도에 아주 예민한 이유는 온도와 습도에 따라 사냥감 획득 여부가 결정되기 때문이다. 물론 실내 동물들은 사냥할 필요가 없다. 하지만 이것은 사냥의 여부와 무관하게 지니고 있는 동물들의 사냥본능이다.

'시베리안 허스키'와 같은 북방 견종은 여름철 한낮의 아스팔트 산책은 매우 힘들다. 그럼에도 보호자가 지속적으로 이러한 산책을 일관한다면 시베리안 허스키는 불편할 수밖에 없다.

사회적 상황

동물들 또한 사회적 상황에 노출되어 있다.

> **예** 어느 가정에 3마리의 고양이가 있다. 한정된 공간에 고양이 3마리가 있기 때문에 피치 못하게 상호 간의 사회적 활동을 하게 된다. 고양이들은 사람과의 관계, 동물들 간의 관계도 해야만 하는 상황이다.

이러한 관계들이 고양이에게는 모두 불편한 자극이 될 수도 있다. 특히 기질이 약하고 예민하거나 건강에 이상이 있는 고양이는 더욱 그렇다. 합사 시 공격성을 보이는 동물들을 종종 볼 수 있는데, 불편한 사회적 상황에 노출된 상황이기 때문이다.

생활 주위 상태

동물들은 사람이 생활하는 실내 구조물에 대해 결코 이해하지 못한다. 대문, 방문, 창문, 커튼, 냉장고 위치, 테이블, 의자, 안방, 작은방, 화장실 그 어떤 것도 이해할 수 없다.

봄 단장을 하기 위해 침대의 위치를 옮겼다면 고양이는 매우 혼란스러울 수 있다. 테이블 옆에 의자의 위치만 바꾸어도 종일 숨어 있거나 냄새 확인을 하는 고양이의 모습을 흔히 볼 수 있다.

고양이의 행동 양식 중에 하나가 냄새를 재확인하는 행동이다. 물론 이 행동은 정상행동이다. 10년을 같은 집에 살고 있어도 냄새 확인 행동은 멈추지 않는다. 왜 이런 행동을 하는 걸까? 우리가 알지 못하는 냄새 분자들을 고양이와 개는 맡을 수 있다. 때문에 개, 고양이는 늘 새로운 냄새를 맡는 셈이다.

특히 이사 후에 다양한 문제행동을 일으키는 동물들을 볼 수 있는데, '생활 주위 상태의 변화' 때문이다. 예민한 상태의 동물이라면 가구 위치변화(작은 가구도 항상 같은 자리에 있으면 안정감을 준다), 새 물건 구입(테이블 위의 작은 꽃병까지도 주의)은 자제하는 것이 좋다.

최근에 보호자가 작은 좌식 테이블을 교체하는 장면을 목격한 고양이 2마리가 동시에 트라우마 증상을 보였다. 이후 고양이들은 서로 쳐다만 봐도 똥오줌을 지리고, 심각하게 공격적이어서 결국 격리 조치되었다.

이와 같이 일상생활에서의 사소한 행동이 개, 고양이에게는 강력하고 부정적인 자극이 되어 공격성을 유발한다.

◆ 공격성을 보이는 동물에게 효과적인 팁

교육 및 생활의 일관성

급식 시간, 출퇴근 시간, 놀이 시간, 산책 시간, 취침 시간, 핸들링 방법, 놀이 등 모두 일정한 시간에 제공한다.

이것은 동물과 보호자 간의 신뢰성을 회복하기 위한 첫 단계이다.

보호자 감정 조절

소리 지르기, 혼내기, 불필요한 처벌, 가정 내 불화 등, 보호자가 공격적이면 동물도 공격적일 가능성이 있다. 동물들은 관찰 및 모방학습을 하기 때문이다.

체류 공간 제공

동물이 편안하게 쉴 수 있는 자신만의 공간을 '체류 공간'이라고 한다. 다른 말로는 '은신처', '휴식공간'이라고 할 수 있다. 체류 공간을 소개하고 교육해주면 동물에게 안정감을 줄 수 있다.

동물들은 자신만의 안락한 공간이 필요하다. 우리가 생각하는 공간과 동물이 생각하는 공간의 의미는 다르다. 보호자도 집에서 쉴 수 있는 보호자만의 공간이 있듯이 개, 고양이도 불안하거나 스트레스 받을 때 독립적인 휴식 공간이 필요하다.

예 방석, 하우스 등을 긍정적으로 소개하고 스스로 잘 이용할 수 있도록 학습시켜준다.

음식, 장난감, 보호자 의류 등 동물이 좋아하는 것을 이용해서 소개한다.

이 방법은 최초 무의미한 방석에 긍정적인 의미를 부여해 주는 행동이론(고전적/조작적 조건화)이다.

필자는 이 원리를 '고전적 조건화'라고 말한다. 하지만 '조작적 조건화'로 해석될 수도 있다. 결국은 동물이 본능적으로 좋아할 만한 자극을 제공함으로써 방석을 좋아하도록 조작하기 때문이다.

방석과 간식을 함께 제공하면 방석은 좋은 것이라 인지하게 된다.

- 방석 위에 올라갈 때마다 간식을 제공한다(조작적 조건형성에 가깝다).
- 방석을 보여 줄 때마다 간식을 제공한다(고전적 조건형성에 가깝다).
- 방석만 보여줘도 간식을 떠올린다. 즉, 중립자극이었던 방석이 조건자극이 되었다.

동물은 방석과 간식을 연결하여 생각하게 된다.

주의 사항

절대 강제로 방석이나 하우스 등에 밀어 넣거나 손으로 들어서 넣지 말아야 한다. 이 방법은 가장 많이들 실수하는 행동 중에 하나이다. 반드시 자연스레 이용하도록 안내해 줘야 한다. 단 한번의 실수가 나쁜 기억을 형성할 수도 있다.

방석(체류 공간)에서 쉬고 있을 때는 절대 핸들링하거나 귀찮게 하지 말고, 절대 동물이 싫어하는 행동은 하지 말아야 한다(미용, 목욕, 혼내기, 소음, 처벌 등). 방석에 있을 때 기분 나쁜 일이 발생하면 방석에 대한 좋은 기억이 나쁘게 바뀔 수도 있기 때문이다.

비강압적인 위생관리

발톱 손질, 털 손질, 목욕에 대한 긍정적인 교육(체계적 둔감화, 탈 감작화, 점진적 접근)이 필요하다.

예 발톱 손질 적응 방법은 다음과 같다.

식기 주변에 발톱깎이 비치(시각 자극)

발톱깎이에 간식을 묻혀서 제공(미각 자극)

발톱깎이를 발에 접촉 후 보상(촉각 자극)

발톱을 하나만(0.1mm) 깎은 후 보상(완성)

◆ 공격행동의 분류

공격행동을 크게 네 가지로 분류하면 다음과 같다.

- 수컷 간 공격(성성숙 시기에 testosterone/androgen 다량 분비)
- 경합적 공격(한정된 자원을 차지)
- 영역적 공격(침입자의 경계)
- 우위성 공격(서열의 문제)

원인

수컷은 성성숙기에 자원경쟁, 영역경쟁, 번식경쟁, 서열경쟁, 질투경쟁을 할 수 있다.

해결

자원경쟁은 자원 분배 교육(놀이도구, 휴식공간/체류 공간, 음식)으로, 영역경쟁은 영역 분배 교육으로, 번식경쟁(승가행위)은 수의학적 진단 및 처치로, 서열경쟁 및 질투경쟁은 보호자의 일관성 있는 양육 태도와 지나친 핸들링 및 불필요한 눈 맞춤 지양으로 해결할 수 있다.

포식성 공격(음식에 대한 공격성)

동물이 사냥할 때 나타나는 사냥본능 중에 하나이며, 조류, 작은 동물, 벌레들을 쫓아 공격하거나 타 개체가 자신의 음식 근처에 접근하거나 음식에 손대면 공격성을 보이는 행동이다.

원인

야생 상태에서의 동물에게는 정상적인 행동이나 실내의 동물의 경우는 평소 음식을 충분히 섭취하지 못하거나 부정적인 경험이 있을 때 나타난다. 특히 농장에서 사육된 동물의 경우 음식에 대해 집착하거나 예민하게 반응하는 경우가 종종 있다.

음식을 섭취할 때 귀찮게 하거나 가까이서 쳐다보는 행동은 동물을 매우 불안하게 한다. 제한적인 자원이나 경쟁상대가 있는 경우에도 공격성을 보일 수 있다.

해결

음식 종류, 제공 방법, 제공 시간, 제공 장소, 제공자에 변화를 준다.

준비물: 식기, 음식(중간 정도의 선호도)

- 조리대 위에서 식기에 음식을 소량 담는다.
- 식기를 손으로 잡은 채 바닥에 놓는다(이때 식기를 손으로 잡고 있어야 하고, 급식 위치는 보호자가 정한다).
- 동물이 음식을 먹을 때까지 조용히 기다린다(이때 보호자는 움직이지 않고 식기를 계속 손으로 잡고 있는다).

*이때 동물이 공격적인 행동을 보인다면 식기를 회수한다.

- 동물이 음식을 모두 먹은 후 식기를 들고 조리대 위에서 정리한다.

주의 사항

동물에게 말을 하지 않고, 핸들링하지 않는다.

해석

동물이 음식을 먹고 있는 상황에서 사람이 동물에게 다가갔다면 동물이 이미 예민해져 있는 상황에서 사람이 동물에게 접근한 상황이다. 이런 상황에서는 사람이 동물의 식기 주변에만 접근해도 공격 신호를 보내게 된다.

하지만 사람이 식기에 음식을 담아서 식기를 손에 잡은 채 바닥에 놓고 기다리면 동물이 사람에게 다가온다. 이전과 반대의 상황이 연출된다. 동물은 긴장감이 줄고 음식을 더 획득하기 위해 얌전해지거나 사람에게 협조적이 될 가능성이 높아진다.

공포성 공격(불안/공포를 벗어나지 못하는 경우)

동물이 불안하거나 공포스러울 때 스스로를 방어하기 위해 자동적으로 취하는 행동으로, 방어기전 중에 하나이며 공포를 느낀 만큼 대상에게도 공포를 동일시하는 보상행동이다.

원인

최초 선천적 기질 및 특발성에 의해 공격행동이 발현될 수 있지만 공격행동을 취했을 때 결과의 만족에 따라 행동이 반복되고 학습될 수 있다.

기질이 약한 동물의 경우는 극도의 공포감을 느끼는 경우 위축 및 도피보다는 오히려 공격을 선택할 수도 있다. 이 경험이 반복되면 학습되고 행동이 고착되는 경우도 있다.

예 궁지에 몰린 쥐가 고양이를 공격하는 경우

해결

기질이 약하고 예민한 동물에게는 자극을 최소화하여 불안감을 줄여준다. 특히 갓 입양되었거나 이사를 한 경우는 적지 않은 스트레스 상황에 노출되기 때문에 소음 및 핸들링에 주의하고, 낯선 방문객도 자제해야 한다.

위생 및 미용관리는 동물이 환경에 적응 후에 해주도록 한다.

동물이 공격적인 행동을 보일 때는 두려움에 의한 '동일시 행동' 중에 하나이기 때문에 동물이 두려워하는 행동은 자제하도록 한다.

때로는 두려움의 원인을 제거하더라도 지속적으로 공격행동을 보이는 경우가 있는데 이 경우는 두려움증이 공포증으로 발전했을 가능성도 있다. 또한 증상의 정도에 따라 트라우마 또는 그 이상의 정신적 질환도 의심해 보아야 한다.

대부분의 두려움 증상은 시간이 지남에 따라 자연적으로 해결이 되지만 공포증으로 발전한 경우는 적극적인 개입이 필요하다.

공포의 원인을 최소화하고 체계적 둔감화 이론을 적용하여 동물이 공포스러워하는 원인을 세분화하여 단계적으로 노출한다. 이때 반드시 보상과 함께 노출해야 한다.

예 핸들링을 두려워해서 공격 성향을 보이는 동물에게 직접 손으로 몸을 쓰다듬는 행동은 절대 자제해야 한다.

손에 대한 부정적인 기억을 긍정적인 기억으로 역 조건화하는 이론을 적용하도록 한다. 왼손 위에 동물이 좋아하는 루어(간식)를 올려서 보여주고, 냄새 맡게 하고, 손에 가까이 다가 왔을 때 오른손으로 간식 1개를 동물 쪽으로 슬라이딩해주는 방법은 아주 효과적이다. 이때 실행자는 동물에게 절대 다가가서는 안 되며, 엉덩이를 바닥에 붙이고 앉아 있는 것이 효과적이다. 서 있으면 동물이 긴장할 수도 있기 때문이다. 이 방법은 동물이 스스로 실행자에게 다가오도록 유도하는 방법임을 염두에 두자.

간혹 동물이 냄새를 맡지 않을 때는 간식을 보여준 후에 동물 쪽으로 슬라이딩해주는 방법이 있다. 이처럼 우선 손에 대한 시각적 자극부터 둔감화시키는 것은 공격성 행동교정에서 매우 중요하다. 이후 동물이 사람의 손에 적응하여 냄새를 맡으러 가까이 다가오는 시점에서도 간식을 슬라이딩해준다.

손에 냄새를 맡으러 스스로 다가온 경우는 손 위의 간식을 모두 먹을 수 있도록 해준다. 이때 동물을 핸들링해서는 안 된다.

손 안에 간식을 가득히 넣고 주먹을 쥐고 있으면 동물이 코를 들이박고 냄새를 맡으려 집착할 것이다. 이때 동물은 스스로 사람의 손에 터치를 하게 된다. 이때 주먹 쥔 손으로 동물의 턱 아래나 목덜미 쪽을 자연스레 터치하면서 간식을 제공하면 동물은 사람의 손에 대한 거부 반응이 줄어들거나 오히려 좋아할 수도 있다.

이처럼 단계적이고 체계적으로 민감성을 둔감하게 해주는 방법은 예민한 동물에 추천된다.

주의 사항

간식을 슬라이딩하는 방법을 사용해야 한다. 간혹 동물 쪽으로 간식을 던져주는 경우가 있는데, 이처럼 던져주는 것은 행동의 움직임이 크기 때문에 동물이 놀랄 수 있다. 때문에 바닥에 간식을 놓고 손가락으로 구슬치기 하듯이 바닥으로 슬라이딩해주는 방법을 추천한다.

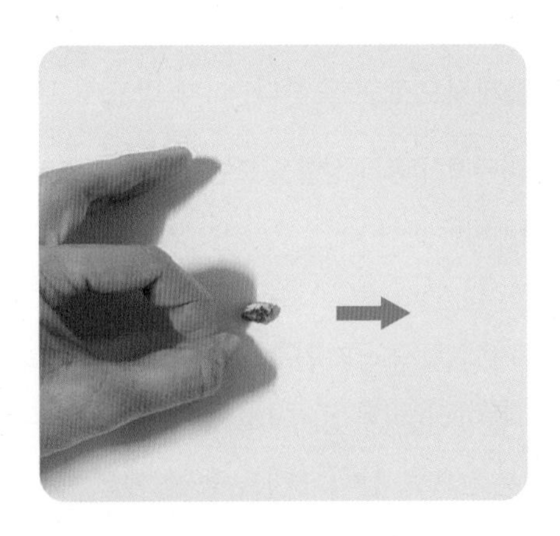

출처: 박민철.

간식의 크기는 동물이 2~3초 이내에 먹을 수 있는 크기로 건식을 추천한다.

- 소형견: 지름 0.5cm 전후
- 중·대형견: 지름 1cm 전후
- 성묘: 지름 0.5cm 전후

간식을 제공할 때는 1알씩만 제공한다.

왼손에 있는 간식을 오른손으로 1알 집어서 바닥에 놓고 검지 손가락으로 밀어 주면(슬라이딩) 자극을 최소화할 수 있다.

통증성 공격(자극에 의한 통증)

각종 신체적 질환 및 정신적(심리) 요인에 의한 공격이다.

원인

신체적 질환은 통증이 있는 상태에서 외부의 직/간접적 물리적 충격, 관절 가동, 생리학적 작용에 의한 통증이 발생되는 경우에 공격성을 유발할 수 있다.

정신적(심리) 질환은 분노, 적개심, 초조, 안절부절, 공포, 불안, 안정감 상실, 외로움, 미래에 대한 불안감, 우울증, 무기력감, 싫증, 피로, 욕구 좌절 등의 원인이 있을 수 있다.

해결

신체적 질환은 피부질환, 내과적 질환, 심혈관계 질환, 관절질환(무릎골 탈구), 하부 기계 질환(신장, 방광, 요도) 등 다양한 질환 관련 통증이 있을 수 있으니 수의적 진단 및 처치를 요구한다.

정신적(심리) 질환과 그에 따른 해결방안은 다음과 같다.

피로: 충분한 수면을 취하지 못한 경우 또는 그럴 환경이 되지 못해 잠을 설치는 경우에는 소음을 줄이고, 숨어서 편히 잘 수 있는 공간이 필요하다. 고양이는 어둡고 컴컴하거나 높은 장소에서 편히 쉴 수 있는 환경을 제공하고 구조물을 잘 이용할 수 있도록 교육을 해준다.

외로움: 가족 구성원(사람, 동물)의 부재로 인해 외로움을 느끼는 경우에는 안타깝게도 근본적인 대체방법은 없기 때문에 외로움을 최소화할 수 있도록 특별한 상황이나 자극을 제공해주는 등으로 대증적인 방법들을 적용한다.

우울증, 욕구 좌절, 무기력감, 싫증: 제한적인 공간에서 단조로운 생활하는 경우는 무료함으로부터 다양한 증상들이 발생하는데, 특히 무기력증에 의한 저활동성을 종종 초래한다. 동물이 선호할 만한 다양한 행동 풍부화를 해준다(행동 풍부화 부분(6장) 참조).

분노, 적개심: 주로 주 보호자, 동거인, 동물이 주요 대상이기 때문에 원인 제공 대상을 파악하고 상호관계를 개선한다(역 조건화, 체계적 둔감화, 기억의 원리 응용).

초조, 안절부절, 공포, 불안, 안정감 상실, 미래에 대한 불안감: 특히 이사 또는 실내 구조물 변화 후에 자주 발생하는데, 실내 구조물 및 환경을 점검한다(여기서 말하는 환경 점검이란 동물이 이전에 선호했던 물건 또는 작은 가구 위치 하나 바뀌는 것까지도 포함된다. 특히 고양이는 이런 변화를 무척 불안해한다).

영역적 공격(침입자의 경계)

동물이 자신의 세력권에 접근 및 침입하는 개체에 대해 공격성을 보이는 행동이다.

원인

자신의 세력권을 지키기 위한 행동이며, 식량자원, 체류영역, 배설영역, 활동영역, 짝짓기 활동 등 다양한 자원을 확장 및 보호하기 위한 행동이 있을 수 있다.

해결

식량자원: 일정한 시간에 음식을 제한하여 제공하고 음식을 섭식할 때 시작 신호와 종료 신호를 알려준다.

체류영역: 동물이 선호하는 장소에 쉴 수 있는 공간을 개체별로 제공한다.

배설영역: 동물이 선호하는 장소에 배설공간을 개체별로 제공한다.

짝짓기 활동: 수의학적 수술을 받거나 교배할 수 있는 환경을 제공한다.

활동영역: 실내에서는 활동영역을 개체별로 제공하는 것은 현실적으로 쉽지 않기 때문에 공간을 공동 이용할 수 있도록 적절한 보상으로 교육한다.

모성 행동적 공격(새끼를 지키려는 경우)

동물이 자신의 새끼를 보호하기 위해서 공격성을 보이는 행동이다.

원인

동물이 자신의 새끼를 지키려는 방어성 공격이다.

해결

임계거리 접근에 주의(1~2m 정도)하여 1m, 50cm, 40cm, 30cm, 20cm, 10cm씩 조금씩 거리를 좁혀가면서 긍정적 보상을 제공하여 단계적으로 새끼에게 접근한다.

*임계거리(Critical Zone): 개체의 주위에 존재하는 공간이며, 동물이나 사람 등 다른 개체가 그 공간에 침입해 오면 도피 반응이나 투쟁 반응이 나타난다.

학습성 공격(훈련에 의한 공격)

동물이 타 개체의 공격적인 행동을 관찰하여 모방하는 행동이다.

원인

동물이 다른 개체의 공격행동을 관찰 및 모방하여 흉내를 내고 반복에 의해 학습된다.

해결

공격성이 있는 동물의 행동을 모방하여 학습된 경우이기 때문에 원인을 제공한 동물과 격리조치를 한다. 이후에 공격성이 없는 동물을 만나게 해주어서 바람직한 행동을 학습하도록 해준다(함께 놀아주기, 간식 놀이, 산책 등).

원인을 제공한 동물의 행동도 함께 교정해준 후에 재합사한다.

공격할 때 주의해야 할 행동

동물이 공격할 때 물리적인 방법을 사용하는 것은 충분히 고려해야 한다. 동물은 사람의 행동을 보고 학습할 수도 있기 때문이다. 특히 폭력을 사용하는 것은 동물을 더욱 흥분시키거나 감정적인 상태로 만들 뿐이다.

공격행동은 반드시 원인을 분석하고 원인을 제거 또는 최소화하는 것이 선행되어야 한다.

이후에 동물과 개체(사람, 동물) 간의 상호 관계를 개선하기 위한 행동교정이 시행되어야 한다. 때문에 장기계획을 세워야 하며 행동교정을 시행할 때는 행동이론을 응용하는 것을 기본원칙으로 한다.

* 필자의 견해

때로는 리드 줄이나 초크체인 등 동물의 신체에 압박 및 통증을 주어 공격행동을 통제하는 방법을 사용하기도 한다. 이 방법이 적절한지에 대한 언급은 필자가 결론 내릴 수는 없다. 어떤 경우는 이 방법이 효과적이며 피치 못하게 사용할 수밖에 없는 경우도 분명 있다. 가령 대형견이 공격성이 심해 사람과 동물에게 지속적으로 상해를 입히는 경우는 즉각적인 조치를 취해야 하기 때문이다.

이처럼 공격성의 정도에 따라 물리적인 교정 방법이 선택될 수도 있는 것은 분명하며, 이러한 방법이 동물을 더욱 불안하게 만들고 상황에 따라서는 오히려 부작용을 야기할 수 있는 것도 분명하다. 여러 가지 측면에서 상호관계의 발달을 위해 어떤 방법이 적절한지는 심사숙고해야 할 것이다.

2. 섭식문제(이식, 절식, 과식)

개의 경우 한 번에 많은 양을 먹으며, 섭식 속도가 빠르다. 음식을 숨겨두는 습관이 있으며, 질긴 음식과 건식, 습식, 육식, 채식도 선호하는 편이다.

고양이는 적은 양을 여러 번 나누어 먹으며, 개에 비해 섭식 속도가 느린 편이다. 음식을 먹기 전에 여러 차례 냄새로 확인하고, 습식과 육식을 선호하는 편이다.

팁: 고양이의 소화장애

흔히 털을 삼켰거나(헤어볼) 급히 섭식하는 경우 소화장애가 일어나는 경우가 많다.

구토와 설사는 고양이에게 흔하며, 음식 변화, 알레르기, 독성, 스트레스, 환경변화, 가족 구성원 변화, 전염성 질병, 기생충 감염, 간장, 신장, 췌장에 이상이 있어도 소화장애가 발생한다.

하지만 반복적인 구토와 설사는 주의 관찰이 필요하며, 이물질, 기생충, 적색 및 녹색의 토사물, 생선 악취를 동반한 설사, 혈변, 녹변, 기생충 변을 보는 경우는 반드시 의학적 진단 및 처치가 필요하다.

급식기 선택

보호자: 저희 집 강아지, 고양이가 식기의 음식을 물고 가서 바닥에서 먹어요. 왜 이런 건가요?

노예원: 개와 고양이의 수염은 사물을 감지하는 기능이 있어 매우 예민하기 때문에 수염이 물체에 닿는 것을 싫어합니다.
입구가 좁은 식기는 수염이 닿기 때문에 음수량이 줄거나 꺼려하는 경우도 있으니 식기는 수염이 닿지 않는 넓은 접시 형태가 좋습니다.
이런 이유 때문에 고양이들이 싱크대의 물을 먹거나, 화장실 바닥, 욕조 등의 물을 먹는 것입니다.

하지만 갑작스러운 식기의 변화는 스트레스가 될 수 있으니 아래 사진과 같이 기존의 식기와 다양한 모형의 식기를 함께 제공한다. 이때 식기에 똑같은 음식을 같은 양으로 담아서 제공한다. 가장 먼저 먹는 식기가 동물이 선호하는 식기이다.

출처: 박민철.

섭식할 때는 민감하기 때문에 소음이 적고 사람 및 동물이 잘 접근하지 않는 곳으로 식기 위치를 지정해주면 좋다(문 앞, 냉장고 앞, 현관 주변 등은 피한다).

섭식하기 좋은 소음은 50db 이하이다.

*'소음 측정기' 어플을 무료로 다운로드해 사용할 수 있다.

섭식행동에 의한 문제행동

이식증(이기)은 음식 외의 것들을 섭취(머리카락, 비닐, 종이, 머리핀, 플라스틱, 고무, 금속, 배설물 등) 하는 문제행동이다.

원인

어미와의 조기 분리, 분리불안, 부적절한 애착 관계, 불충분한 영양 식단, 무료한 일상 및 환경, 스트레스, 부적절한 처벌, 보호자와의 관계, 질환, 수술 및 약물복용에 의한 문제 등이 있다.

해결

고단백 및 양질의 영양 식단, 스트레스 최소화, 안락한 환경 조성, 수의학적 자문, 애착 관계 재형성, 충분한 에너지 소모, 먹어야 할 음식과 먹지 말아야 할 음식 구분 교육 등을 통해 해결할 수 있다.

준비물: 똑같은 모양, 크기, 색깔의 식기 2개, 선호도 중간의 음식, 선호도 높은 음식, 이식하는 물체(이기물).

그림과 같은 위치에 보호자와 동물을 배치한다. 식기 1에 선호도 중간 음식, 식기 2에는 평소 '이기물'을 놓는다. 동물이 식기 1의 음식을 먹으면 선호도 높은 음식으로 즉시 보상해 준다. 하지만 동물이 식기 2의 '이기물'을 먹으려 하면 먹지 못하도록 식기 2를 들어 올리고 "그만"이라는 음성신호를 준다. 이후에 동물이 얌전히 있거나 식기 1의 음식을 먹는다면 선호도 높은 음식을 즉시 제공한다.

섭식문제를 교정할 때 주의해야 할 행동

동물이 음식을 거부할 때는 매우 세심한 관찰이 필요하다. 상황에 따라서는 병원 방문도 필요하다. 보호자는 체중, 체온, 탈수, 소변량 및 색깔, 활동성 등을 반드시 메모하여 꼼꼼히 기록보관하여야 한다. 병원을 방문할 예정이라면 기록한 내용을 반드시 병원 측에 전달한다. 이 기록은 동물을 회복시키는 데 매우 중요한 자료가 될 수도 있기 때문이다.

동물보건사는 반드시 이러한 정보를 보호자에게 알려줘야 한다.

오랜 시간 동안 절식을 하면 체온이 저하되고 탈수 증상이 동반되면서 배설량에도 변화를 보이기 때문이다. 특히 오줌 색깔이 너무 진하거나 냄새가 심한 경우는 탈수 증상을 의심해야 한다. 저체온증과 탈수는 생명과도 직접적 연관이 있기 때문이다.

간혹 동물은 굶으면 스스로 먹는다는 사고방식으로 며칠씩 굶기는 보호자도 있다. 필자의 사례 중에는 실제 그러한 보호자들이 종종 있었고, 그에 따라 동물이 사망한 경우도 있다. 이것은 현행법상 엄연한 동물학대에 속한다.

한 번에 많은 양을 제공하지 않고 소량씩 제공한다. 음식을 잘게 부숴주거나 따듯하게 데워주는 방법도 있다.

음식을 식기가 아닌 땅바닥에 주거나 던져주는 방법도 있다. 때로는 식기가 마음에 들지 않거나 보호자의 관심을 유발하기 위해 음식을 거부하는 경우도 있기 때문이다.

이렇듯 다양한 방법들을 시도해야 한다.

3. 배설 문제(화장실)

지정된 화장실 이외의 장소에 배설, 마킹(영역표시)하거나 화장실의 일부분만 이용하는 행동을 보인다.

원인

질병(하부기계 질환) 및 호르몬, 영역표식, 부적절한 배설 교육(강압적이거나 강제로 패드 위에 올리기), 부적합한 배설환경(화장실 위치, 모양, 냄새, 색깔, 재질), 관심 요구, 스트레스 등 다양한 원인이 있다.

◆ 개의 화장실 이용 문제

출처: 박민철.

패드를 제대로 사용하지 못하고 가장자리에 배뇨한 상황. 실제 이같은 행동을 하는 개는 상당히 많다.

이런 경우 반려자는 패드도 소모해야 하고 바닥 청소도 해야 하는 성가신 일이 된다.

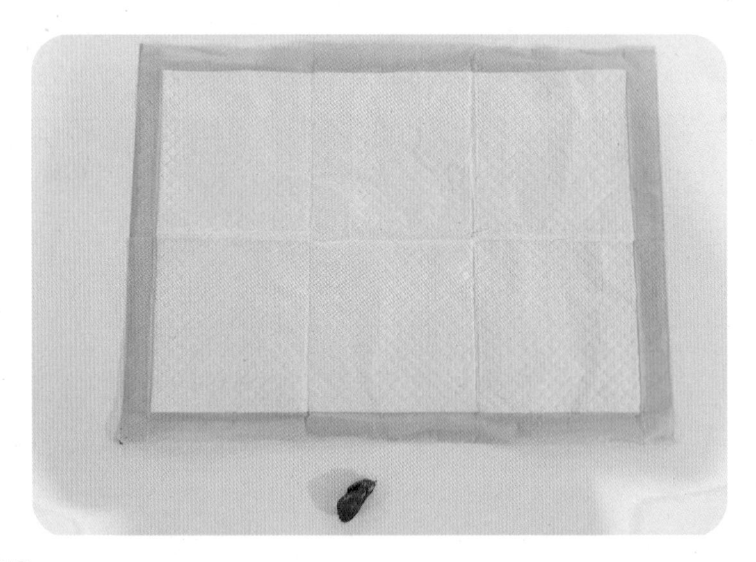

출처 박민철.

패드 가까이에 배변을 한 상태이다. 대부분 패드에 적응하지 못해서 나타나는 행동이다.

출처: 박민철.

출처: 박민철.

패드를 이용하지 않는 사례도 있다.

개의 경우 주로 배변 패드를 사용하며, 1일 1회 갈아준다. 개체마다 개별 배변 패드를 제공한다.

고양이는 모래 위에 배설하기 때문에 개체마다 한 개씩의 개별 모래 화장실을 제공한다.

외부에서 생활하는 고양이는 흙, 모래, 잿더미, 건초더미 등을 사용하기도 한다.

개체마다 선호하는 바닥재가 있으니 그에 맞도록 준비해 준다.

[사진 1]

출처: 박민철.

행동학습 이론에서 소개했던 '역 조건화' 와 '체계적 둔감화'를 응용해 문제행동을 교정할 수 있다.

간식을 이용하여 개를 패드 주위로 유도한다. 간식을 [사진 1] 위치에 제공한다 (2~3회).

[사진 2]

출처: 박민철.

간식을 [사진 2] 위치에 제공한다(2~3회).

[사진 3]

출처: 박민철.

간식을 [사진 3] 위치에 제공한다(2~3회).

[사진 4]

출처: 박민철.

간식을 [사진 4] 위치에 제공한다(2~3회).

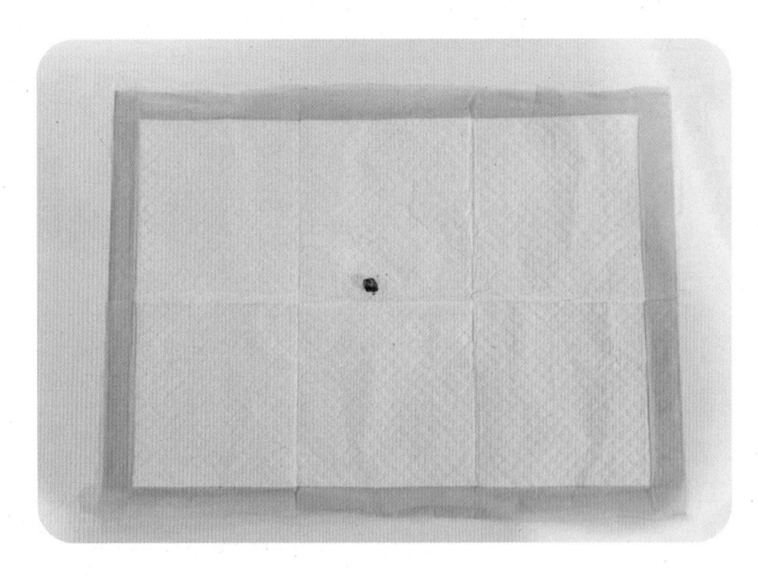

[사진 5]

출처: 박민철.

간식을 [사진 5] 위치에 제공한다(2~3회).

마지막으로 패드의 모든 부분을 밟을 수 있도록 충분히 유도해 준다.

개는 패드의 질감이나 미끄러움에 익숙지 못하거나 과거 좋지 못한 경험 때문에 패드의 중앙을 사용하지 못하거나 부분 사용만 하는 경우가 있다.

패드에서 벗어날 때 뒷발로 밀어 차면서 벗어나는데 그때 패드가 바닥에서 미끄러지는 경우가 있다. 이러한 경험은 개를 무척 놀라게 하고, 패드를 제대로 사용할 수 없게 한다. 이런 경우는 미끄러짐 방지 패드를 제공하거나 패드 모서리에 양면 테이프를 부착하여 바닥에 고정시킨다.

출처: 박민철.

*단계를 성공하지 못하면 전 단계부터 다시 시도한다.

패드의 위치는 개가 평소에 선호하는 장소면서 조용하고, 조금 어두운 곳이 좋다. 문 앞, 사람이 자주 다니는 경로, 소음이 많이 발생하는 장소는 되도록 피해준다.

때로는 급식기 자리에 패드를 깔아주고 급식기를 다른 곳으로 이동시켜서 배설 반응을 관찰해 볼 수도 있다. 급식기 자리는 평소 편안하고 긍정적인 기억이 형성된 장소이기 때문에 편안한 배설을 유도할 수도 있기 때문이다.

◆ 고양이의 화장실 이용 문제

고양이는 화장실 바닥재가 청결하지 않으면 사용하지 않는 경우가 많다. 바닥재는 수시로 갈아주거나 청소해주어 청결을 유지해야 한다.

사진과 같이 배설물을 처리하지 않으면 화장실 사용 빈도 수가 줄어들 수 있다.

그림과 같이 화장실과 식기가 가까이 있으면 비위생적이며 이용횟수가 줄어들 수도 있다.

다양한 재질의 바닥재들이 있으며 고양이에 따라 선호도가 다르다. 또, 고양이는 개와 다르게 바닥재(주로 모래)를 사용하기 때문에 바닥재/배설물에 의한 생식기 오염이 생길 가능성이 있으니 정기검진을 받는 것을 추천한다.

고양이는 한정된 영역에서 먹이 및 배설 장소(화장실)가 부족할 경우 스트레스를 받아 공격적일 수도 있다.

지정된 화장실에 배설을 하지 않는 경우 화장실을 청결하게 해주거나 더 큰 화장실로 교체, 덮개 선호도 확인, 위치, 냄새 등을 점검하고 화장실의 숫자를 늘려주는 것도 좋은 방법이다.

출처: 박민철.

화장실을 청소하는 방법

개와 고양이의 화장실(플라스틱 재질)을 청소할 때는 뜨거운 물이나 세제, 수세미 등을 사용하는 것은 추천하지 않는다. 뜨거운 물로 세척을 하게 되면 플라스틱 표면의 코팅이 벗겨지면서 세제 냄새가 플라스틱에 배기 때문이다. 더군다나 수세미로 문지른다면 표면이 긁히면서 긁힌 틈 사이로 배설물 냄새가 배어 악순환된다. 때문에 후각이 예민한 동물들은 화장실 사용을 거부하기도 한다.

미지근한 물을 사용해 부드러운 천으로 닦아주고 물기도 부드러운 천으로 닦는 것을 추천한다(세제 사용X).

배설 문제

고양이 화장실의 분류

고양이의 화장실 형태는 크게 오픈형, 폐쇄형, 자동형이 있다. 이 3가지는 고양이에 따라 선호도가 각각 다르다.

오픈형: 화장실의 천장이 오픈(선호도 높은 편)

폐쇄형: 화장실의 천장이 폐쇄, 입구만 오픈.

오픈형/폐쇄형: 화장실 바닥에 고양이의 "화장실 모래"를 깔아주고 고양이가 그 위에 배설하면 배설 주걱으로 배설물을 걷어내 준다.

자동형: 고양이가 배설하면 자동으로 배설물을 걸러내 준다(동력기의 원리로 작동되어 다소 소음이 있을 수 있고 고가이다).

화장실 모래는 청결을 위해 자주 갈아주는 것이 좋으며 화장실은 최소 1개 이상은 필요하다.

화장실의 재질

① 플라스틱

장점: 다양한 모양과 색상, 세척 편리성, 빠른 건조, 가볍고 저가형이다.

단점: 고양이가 플라스틱 냄새에 예민할 수 있고, 대부분 크기(가로x세로)가 작아서 고양이가 불편해할 수 있다.

② 나무

장점: 제작 주문도 가능하여 원하는 디자인을 선정할 수 있고, 크기 또한 다양하며 대부분 크기가 큰 편이라 고양이가 편안해할 수 있다.

단점: 세척이 불편하며 건조가 어렵고, 무거운 편이다. 크기가 커서 자리를 많이 차지한다. 고양이가 잘 사용하지 않는 경우 비용적인 손실이 크다.

해결

해결방안으로 다음과 같은 것들이 있다.

- 수의학적 진단
- 화장실 재배치, 화장실 기억 수정(역 조건화)
- 배설 교육 시 처벌 금지
- 반복운동(스트레스 완화, 사냥놀이, 낚시 놀이, 캣휠 등)
- 안락한 체류 공간 제공(하우스, 방석, 캣타워, 캣폴 등으로 '플러스 강화'를 해준다)
- 화장실을 큰 것으로 변경
- 바닥재 변경(바닥재의 입자 크기, 냄새, 재질, 색깔, 분진)
- 화장실 세척(미지근한 물로, 부드러운 천으로 세척할 것)
- 오픈형은 폐쇄형(덮개형)으로 변경(폐쇄형을 선호하는 고양이의 경우)
- 폐쇄형은 오픈형으로 변경(오픈형을 선호하는 고양이의 경우)
- 위치변화(화장실을 모든 공간으로부터 40cm 정도 띄운다)

*가정에서는 고양이 화장실을 벽면에 붙여서 사용하는 경우가 많은데, 화장실을 벽에 붙이게 되면 고양이는 배설 활동을 할 때 탈출경로가 줄어들기 때문에 불안해할 수도 있다. 특히 오픈형 화장실을 벽면에 붙이는 것은 추천하지 않는다.

사진과 같이 벽면에서 띄어 놓는 것을 추천한다.

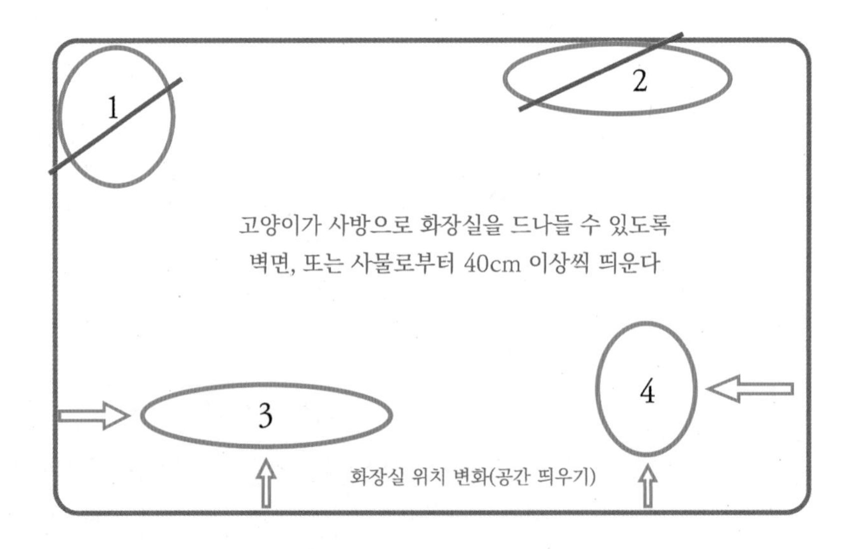

출처: 박민철.

고양이는 배설 활동할 때 주변 경계 및 탈주하는 습관이 있기 때문에 동서남북 사방을 열어준다. 폐쇄형의 경우라도 사방을 열어주면 안정감을 가지고 배설 활동을 할 수 있다.

고양이 화장실 잘못된 위치

문 앞이면서 벽면에 붙인 상태는 잘못된 화장실 위치이다.

*문 앞은 잦은 이동경로이기 때문에 고양이들은 예민할 수 있다.

고양이 화장실 분석하기

화장실의 위치가 문제인지, 화장실 본체가 문제인지, 바닥재가 문제인지, 어떻게 알 수 있을까?

테스트 방법

모래가 없는 상태의 화장실 안에 고양이가 좋아하는 것으로 유도해본다(음식, 놀이 도구 등). 이때 화장실 안으로 들어가기를 꺼려하거나 스트레스 바디 신호가 관찰된다면 화장실 본체가 문제인 것이다(원인: 화장실 크기, 모양, 나쁜 기억 등).

고양이가 평소 잘 사용하는 천이나 담요 등을 바닥에 깔고 그 위에 고양이 바닥재를 깔아 준다(평소 화장실에 깔아주었던 높이만큼 바닥재를 깔아준다. 담요를 깔아주는 이유는 모래를 치우기 용이하기 때문이다. 그냥 바닥에 모래를 깔면 치우기 번거롭다). 이후 바닥재(모래) 위에서 고양이가 좋아하는 음식이나 놀이를 제공하고 반응을 관찰한다. 이때 바닥재 위에 올라가기를 꺼려하거나 스트레스 바디 신호가 관찰되면 고양이는 그 바닥재를 싫어하는 것이다.

이와 같은 방법으로 구체적이고 객관적으로 분석할 수 있다.

나쁜 기억 때문에 화장실을 사용하지 않는다면?

화장실 기억을 바꾼다(역 조건화 응용).

① 보호자는 귀가 후 즉시(10초 이내) 화장실 30cm~1m 주위에서 동물이 좋아하는 것을 제공한다(놀이, 음식, 핸들링 등).

② 화장실 30cm~1m 주위에서 동물이 좋아하는 것을 제공한다.

보호자의 귀가 행동만으로도 동물에게는 강력한 1차 보상이 되고, 더 나아가 보호자가 화장실 옆에서 동물이 좋아하는 것을 제공하는 것은 2차 보상이 되는 셈이다(강화의 원리).

단, 보호자와 동물의 애착 관계가 형성되어 있을 때 효과적이다. 관계가 나쁜 경우는 효과가 없고, 오히려 역효과가 나기도 한다.

화장실 문제 교정할 때 주의해야 할 행동

행동교정에 있어서 가장 처벌을 지양해야 할 교정이 배설 관련 교정이다. 배설은 평생 동안 해야 하며 하루에도 수차례 해야 하기 때문에 가장 편안하고 능동적이며 자연스러워야 하기 때문이다.

새로운 환경에 입양된 동물이 아니고서는 대부분의 개, 고양이는 배설 장소를 인지하지 못해서 실수를 하는 것이 아니다. 특히 기존의 화장실을 잘 이용했다면 더욱이 그렇다.

화장실을 소개할 때 강제로 들어올리거나 집어넣는 등의 강압적인 교육은 동물에게 나쁜 기억을 형성해 줄 수 있으니 적절한 보상으로 능동적으로 사용할 수 있도록 교육한다.

동물의 신체 성장에 따라 화장실의 크기도 함께 커져야 한다. 하지만 대부분의 보호자는 어릴 때 사용했던 화장실을 계속 이용하도록 한다는 것이 문제이다. 반려견의 배변패드와 고양이의 화장실은 동물의 성장에 따라 큰 것으로 제공해 주도록 한다.

또한 화장실 주변에서는 나쁜 기억들을 심어주지 않아야 한다. 예컨대 소리를 지르거나 혼내거나 발톱 손질 및 미용을 하는 것은 지양해야 한다. 화장실 이용 후에 즉시 목욕을 시키면 화장실과 목욕을 연상하게 될 수도 있다. 목욕을 싫어하는 동물이라면 화장실 사용을 거부할 수도 있기 때문이다. 이런 경우는 화장실 이용 후에 10분 정도 시간이 경과한 후 목욕을 해주는 것이 좋다.

4. 과도한 그루밍 문제(자가 손상, 자해)

동물에게 있어 그루밍 행동 자체는 정상이나 과도한 것이 문제가 될 수 있다.
고양이의 경우는 그루밍을 하지 않는 것도 문제행동으로 간주할 수 있다.

원인

질병(피부질환, 통증), 불안(환경, 체류 공간 불안정), 초조, 스트레스, 트라우마, 관심 요구, 부적절한 개입, 무료함, 우울증, 인지장애, ADHD(과잉행동 장애) 등을 원인으로 볼 수 있다.

해결

해결방안은 다음과 같다.

- 수의학적 진단, 불안 요소 제거, 스트레스 최소화(물리적 자극, 화학적 자극, 환경 자극)
- 불필요한 쓰다듬 및 눈 맞춤 주의(불필요한 눈 맞춤이 때로는 보상효과가 되기 때문)
- 체류 공간 제공 및 분리 적응 교육, 외출 및 운동

과도한 그루밍은 대부분 질병을 제외하고는 환경이 문제인 경우가 많다. 환경에는 각종 구조물과 사물도 있지만 사람, 동물, 식물도 포함된다.

동물은 심리적으로 불안해서 스스로를 안정화하기 위해 반복적인 그루밍을 하기 때문에 처벌을 하는 것은 근본적인 효과가 없다. 처벌은 일시적인 효과가 있지만 재발하거나 간혹 그 행동은 멈추더라도 다른 문제행동을 야기할 수 있다.

과도한 그루밍은 불안 요소를 최대한 제거해 주는 것이 선행되어야 하며 앞서 설명했던 '체류 공간'을 충분히 마련해 주어야 한다. 개에게 체류 공간은 주로 방석, 은신처, 지정 자리 등이며, 고양이에게 체류 공간은 은신처(일명 숨숨집), 캣타워, 캣폴 등을 충분히 제공해 주어야 한다. 체류 공간을 제공한다는 것은 동물이 편안하게 사용할 수 있도록 '소개'를 해주어야 한다는 의미이다. 단순히 방석이나 숨숨집을 주고 강제 사용을 유도하는 것은 '체류 공간'의 의미가 전혀 없고 불쾌감만 줄 뿐이다. 하지만 대부분의 보호자들은 이러한 방식으로 체류 공간을 제공한다. 값비싼 제품들을 구매해서 제공했지만 동물이 잘 사용하지 않는 이유는 보호자가 제품 '소개'를 잘 못해주었기 때문일 가능성이 매우 크다.

동물이 왜 자해를 하는지 우리는 세심히 관찰해야지만 이 문제를 해결할 수 있다.

참고로 야생 상태의 개와 고양이는 자해를 하는 경우가 극히 드물 것이다. 상동행동의 일종인 과도한 행동들은 대부분 한정된 공간에 오랜 시간 동안 구속되어있는 동물들에서 흔히 볼 수 있다.

예 동물원 동물, 전시 동물, 농장 동물, 보호소 동물, 매장의 동물 등

때문에 동물들의 '행동 풍부화'를 유도하기 위해 동물들이 선호할 만한 환경을 조성해 주어야 한다.

행동 풍부화(Behavioural Enrichment)

한정된 공간에 구속된 동물은 행동이 무료할 수밖에 없기 때문에 다양한 문제행동을 일으킨다. 때문에 동물들이 선호할 만한 환경 상태를 조성해 주는 것으로 다양한 행동을 유도하는 것이 필요하다.

특히 야생의 동물인 경우는 야생에서 경험했던 물리적, 정신적인 자극들과 유사한 물체, 냄새, 소리 등에 변화를 주어 야생의 자연적인 행동 습성을 유발시켜 생활을 좀 더 생기 있게 유지시켜주는 것이 중요하다.

개와 고양이 또한 야생의 습성이 남아 있기 때문에 '행동 풍부화'를 해주는 것은 매우 중요하다.

개의 행동 풍부화는 사냥놀이, 추적, 냄새 맡기, 물어뜯기, 물고 당기기(Tug), 숨기기, 땅 파기, 외출, 추적, 질주 등이 모두 행동 풍부화에 속한다.

고양이의 행동 풍부화는 높이 오를 수 있는 환경, 숨을 수 있는 은신처, 일광욕을 즐길 수 있는 공간, 스크래처, 충분한 수의 화장실, 급식기, 급수기, 움직이는 물체 놀이 등이 있다.

행동 풍부화는 각종 문제행동 및 정신적 질환을 예방할 수 있고 동물이 무료함으로부터 벗어나 스트레스를 감소할 수 있다.

사전적 정의

좀 더 커다란 가치나 풍요로움을 부여하는 것이다.

일반적 정의

동물원처럼 제한된 공간에 사는 야생동물에게 자연과 비슷한 환경을 만들어주고 야생에서처럼 건강하고 자연스러운 행동이 나타날 수 있도록 도와주는 모든 프로그램을 의미한다.

역사

- 1920년대 - 영장류 실험 동물을 대상으로 첫 시도
- 1940년대 - 동물원 사육동물을 대상으로 심리적 욕구 연구
- 1990년대 - Animal Husbandry에 기본적으로 자리 잡음.

행동 풍부화의 필요성

제한된 공간 내에서 발생할 수 있는 권태나 정신적 질병 예방이 가능하다. 멸종위기 종의 경우 자연 서식지로 돌아가 적응할 수 있도록 자연적 행동 양식을 최대한 유지토록 유도해야 한다.

동물병원에 간혹 야생동물을 데리고 내원하여 보호자가 직원에게 질문을 할 수도 있기 때문에 다음의 내용도 참조해두자.

- 도마뱀은 어떻게 키워야 하나요?
- 수생 거북이는 어떻게 키워야 하나요?
- 페럿은 어떻게 키워야 하나요?
- 슈가 글라이더는 어떻게 키워야 하나요?

동물의 서식지와 가장 유사하게 조성하기

야생동물의 행동 풍부화는 자연 서식지와 비슷한 환경 및 전시장을 조성해 주도록 하는 것이다.

> 예 나무, 나뭇잎, 식물, 밧줄, 돌, 바위, 덩굴, 물, 톱밥, 흙, 모래, 자갈 등 이용하여 섭식, 은신, 휴식, 배설, 굴토, 위생관리, 오르고 내리기, 긁기 등을 할 수 있도록 조성한다.

급식 방법 변화

먹이 던지기, 먹이 감추기 및 살아있는 먹이를 제공하거나 먹이 퍼즐, 여러 번 나눠 급식 등을 시도한다.

유희 도구(호기심 자극)

플라스틱, 봉제인형, 종이, 발정기에 페로몬 냄새를 묻힌 천, 나무상자, 종이상자, 고무공, 플라스틱 공, 종이공, 낚시 놀이, 두더지 놀이, 토네이도 놀이, 퍼즐 장난감,

다른 동물의 배설물 제공(특히 오줌 냄새가 묻은 물건), 여름철 얼음 및 얼음 물 등을 제공한다.

과도한 그루밍을 할 때 주의해야 할 행동

동물이 그루밍을 할 때 큰 소리로 통제하거나 물리적인 처벌은 오히려 역효과를 초래할 수 있다. 처벌은 당시에는 행동이 감소되거나 중단될 수 있지만 보호자(감시자)가 없을 때 문제행동은 재발한다. 그루밍은 정서적으로 불안한 상태에 나타나는 행동이기 때문에 그루밍을 할 때 다른 무언가에 집중할 수 있도록 해주어야 한다.

동물이 무료하지 않도록 충분한 시간을 가지도록 하자.

5. 마운팅 문제

특히 개에 있어 흔히 볼 수 있는 문제행동이며 이 행동은 거세된 개에서도 빈번히 발생한다. 사람의 신체(다리, 팔), 물체(봉제인형, 가구) 등에 표현한다.

개의 마운팅(승가행위)은 교배목적과 우위성 행동 및 무료함을 달래기 위한 유희성 행동으로 분류된다.

팁: 개의 마운팅 행동 특징

15~30초 단위로 행동한다.

*실제 교배할 시(엉덩이끼리 결합) 10~30분 정도 소요.

마운팅의 원인은 교배 본능 외에도 놀이, 우위 성향, 권세주의, 무료, 권태, 관심유도 등이 있다.

특히 마운팅과 동시에 오줌 표식을 하는 경우가 있는데 오줌 표식 행동은 개들의 자연스러운 정상적인 행동이다. 하지만 실내견의 경우 잦은 오줌 표식은 보호자를 불편하게 한다. 때문에 마운팅과 오줌 표식을 보이는 경우 중절 수술로 문제를 해결하기도 한다. 하지만 원인은 다양하기 때문에 중절 수술만으로 해결되지 않는 경우도 종종 있다.

원인

호르몬, 권세 성향, 관심 요구, 무료함(놀이), 운동 부족, 보호자의 부적절한 개입을 원인으로 볼 수 있다.

해결

수의학적 진단(수술 후에도 문제행동은 1~2개월까지 지속될 수 있음)과 적절한 놀이, 외출 및 운동 등이 해결방안이 될 수 있다.

이 문제행동을 해결하기 위해서는 우선 마운팅의 원인을 파악하고 구분해야 한다.

이것이 발정기 호르몬에 의한 행동일 때와 그 외의 행동일 때는 행동교정 방법이 다를 수 있기 때문이다.

발정기 호르몬에 의한 마운팅은 수의학적 진단 및 처치를 하는데, 그 외 원인에 의한 마운팅의 경우 이 문제행동은 보호자가 비정상이라 판단하고 문제를 제기할 때만 교정에 임하게 되는 특이성이 있다. 때로는 문제 삼지 않는 보호자도 있기 때문이다.

행동교정을 원한다면 마운팅을 시도할 때 단호하게 처벌해야 하는데, 처벌 방법을 잘 선택해야 부작용을 최소화할 수 있다.

마운팅에 대한 처벌은 어떻게 하는 것이 좋은가?

반려동물이 보호자의 팔에 마운팅할 때 그 즉시 욕실로 데려가 목욕시킨다.

평소 목욕할 때 반려동물에게 "목욕하자"와 비슷한 의미의 말을 했다면 그 말을 하면서 욕실로 데려간다.

"목욕하자"라고 말한 후 욕실로 데려가서 즉시 목욕시킨다.

단, 동물이 목욕을 싫어하는 경우에만 처벌이 될 수 있다. 목욕을 즐기는 동물이라면 처벌이 아닌 보상이 될 수도 있기 때문이다.

예 물놀이를 즐기는 '리트리버' 종은 보상이 될 수도 있는 점 참고하자.

이러한 처벌은 행동교정을 실패해도 성공이고, 성공해도 성공인 셈이기 때문에 필자가 자주 응용하기도 한다. 성공하면 마운팅 행동이 소멸될 것이고, 실패해도 목욕에 대한 거부 반응이 감소될 가능성이 있기 때문이다.

목욕하기 싫으면 동물은 마운팅을 하지 않을 것이고, 목욕이 견딜만하면 마운팅을 계속할 것이다.

어떤 행동 후에 싫은 일이 발생하면 그 행동은 감소한다.

그렇다면 이와 같은 예로 많은 방법을 응용해 볼 수 있다.

- 마운팅 할 때마다 드라이기로 털을 건조한다(드라이기를 싫어할 때).
- 마운팅 할 때마다 발톱 손질을 한다(발톱 손질을 싫어할 때).
- 마운팅 할 때마다 앞발을 핸들링한다(앞발 핸들링을 싫어할 때).

이처럼 마운팅 할 때마다 동물이 싫어하는 무언가를 해주면 되는데, 여기서 무언가는 주로 일상생활을 하면서 필수로 해야만 하는 행동들이면 효과적이다. 그 예로 목욕, 드라이기 사용, 빗질, 칫솔질, 발톱 손질, 청소기 사용 등이 있다.

동물이 가장 싫어할 만한 행동을 해줄수록 효과는 즉각적이다.

마운팅 할 때 주의해야 할 행동

동물이 사람이 신체에 마운팅 할 때 호들갑스럽게 소리를 치거나 물리적인 힘으로 밀치는 행동은 오히려 문제행동을 더욱 강화시킬 수 있다. 특히 유희성 및 권세에 의한 마운팅은 이러한 물리적 처벌을 놀이로 간주하는 경우도 있기 때문이다.

굳이 처벌을 한다면 마운팅 할 때 목욕, 발톱 손질, 청소기를 이용한 집 안 청소 등을 하는 편이 좋겠다.

6. 발성 문제

발성은 동물이 필요 이상으로 짖거나 우는 행동을 의미한다.

방어성 발성, 공격성 발성, 쓸데없는 발성, 무의미한 헛발성, 관심 요구 발성, 유희성 발성 등으로 지속적으로 발성하는 행동이다.

원인

질환, 환경 자극(이사, 이소, 입양, 파양, 환경변화, 가족 구성원 변화, 귀가 시간 변화, 출장, 입대, 입원 등), 분리불안/격리불안, 부적절한 강화 학습(울 때마다 핸들링, 간식, 말 걸기, 눈 맞춤 등의 보상), 관찰 및 모방학습, 트라우마, ADHD, 인지장애, 유전 등이 원인이 될 수 있다.

해결

다음은 해결방안이다.

- 질환의 경우 수의학적 진단 및 처치
- 불안한 자극 제거(물리적 자극, 화학적 자극, 환경 자극)
- 일상생활에서의 분리 교육
- 발성할 때 일관성 있는 적극적인 개입
- 체류 공간 제공(발성하지 않고 휴식을 취할 수 있는 환경)
- 조작적 조건화, 적절한 강화 학습
- 민감소실, 체계적 둔감화, 탈 감작 적용

개는 사람과 함께 있을 때는 잘 짖지 않으며 짖더라도 보호자의 통제에 의해 즉각적으로 멈춘다. 하지만 장시간 홀로 집에 남겨졌을 때는 통제가 불가능하고, 짖음은 민폐를 끼치는 문제행동 중에 하나기 때문에 반드시 해결해야 할 문제이다.

보호자 부재 시 짖음을 어떻게 통제할 수 있을까? 사실상 그런 상황에서의 통제는 불가능하다. 간혹 감시 카메라를 이용하여 음성신호로 통제를 시도하는 보호자들도 있는데 이런 방법은 자칫하면 개를 더욱 불안하게 만드는 요인이 될 수도 있기 때문에 추천하긴 어렵다. 특히 예민한 동물의 경우는 추천하지 않는다. 개는 실제 보호자의 목소리와 스피커를 통한 목소리를 다르게 들을 수 있기 때문이다. 우리의 목소리를 녹음기로 녹음하여 들어보면 낯선 것과 같은 원리이다. 이 문제는 보호자 부재 시에는 통제할 수 없으니 평소에 통제할 수 있는 능력을 길러주는 것이 매우 중요하다.

개가 홀로 있을 때 짖는 이유는 무료함과 불안감 때문이다. 특히 불안감이 더 큰 비중을 차지하는데, 개는 불안할 때 스스로 안정감을 유지하기 위해 발성을 한다.

이러한 원리를 이해한다면 평소에 개와 함께 생활하면서 불안한 상황이 발생했을 때 개를 안전한 곳에서 쉴 수 있는 환경을 조성해 주어야 한다. 이것이 바로 "체류 공간"이다.

드라이기를 보여주면 개는 두려워할 것이다. 이때 즉시 체류 공간으로 유도하여 그 공간에서 오랫동안 머물 수 있도록 교육한다. 단, 개가 드라이기를 두려워해야 한다.

이 방법은 앞서 마운팅 해결에서 소개했던 방법이다.

또, 개에게 청소기를 보여준 후 즉시 체류 공간으로 유도하여 쉴 수 있도록 해준다.

유도할 때는 절대 강압적이거나 손으로 들어 올리면 안 되고 스스로 체류 공간으로 이동할 수 있도록, 간식, 장난감 등을 이용하는 것이 좋다.

이렇게 학습이 되면 개는 홀로 집에 남겨졌을 때도 불안한 상황에서 짖음보다는 체류 공간을 선택할 수 있다.

*개가 체류 공간에 있을 때는 절대 귀찮게 하거나 위협적인 행동은 하지 않아야 한다.

그 외에도 개의 짖음을 교정하는 방법 3가지 방법

- **방법1:** 짖을 때는 외면하고(개를 쳐다보지 말고, 개에게 어떤 소리도 내지 않는다) 평소처럼 짖어야 할 상황에서 짖지 않고 얌전히 있을 때 2초 이내로 칭찬 및 보상해주면 점차적으로 짖는 횟수가 줄어들게 된다.
- **방법2:** 짖을 때 그 즉시 2초 내로 단호히 처벌하고(음성신호=소리) 평소처럼 짖어야 할 상황에서 짖지 않고 참고 있거나 얌전히 있을 때 2초 이내로 칭찬 및 보상해주면 점차적으로 짖는 횟수가 줄어들게 된다.

  *처벌 시 음성신호는 낮고 굵으며 단호한 목소리가 효과적이다.
- **방법3:** 평소에 체류 공간 훈육을 시키고 체류 공간에서 머물 수 있는 인내심을 길러준다. 짖을 때 2초 이내로 체류 공간으로 이동하게 하여 1~10분간 체류 공간에 머물도록 유도한다. 개는 이러한 원리를 이해하여 짖음이 줄어들게 된다.

개와 고양이의 체류 공간 교육

바닥에 동물이 좋아하는 수건 및 이불을 깔아 주고(이것이 체류 공간이다) 그 위에 간식을 놓아주면 올라가서 먹게 된다.

동물이 체류 공간에 스스로 올라갈 수 있도록 칭찬 및 보상으로 유도하여 체류 공간을 정확히 인지시켜준다. 평소에 간식을 줄 때도 체류 공간으로 유도하여 제공한다. 동물은 체류 공간을 좋은 장소로 기억하게 된다.

이처럼 체류 공간은 정해진 것이 아니라 보호자가 설정하여 교육하면 된다.

고양이의 경우는 캣타워도 체류 공간이 될 수 있다.

고양이가 새벽에 울 때

고양이는 주로 새벽 3시 전후로 우는 경우가 많은데 이 행동은 보호자의 수면의 질을 상당히 떨어뜨린다. 더군다나 야행성 동물이기 때문에 새벽 시간대에 주로 발성해서 사람들에게 민폐를 끼치게 된다.

고양이는 특별한 이유 없이 잘 울지 않는 동물이다. 특히 야생 상태에서의 고양이들은 발정기를 제외하고는 발성을 잘 하지 않는다. 발성을 하면 자신의 위치를 노출시키는 위험부담이 있기 때문이다.

그럼에도 불구하고 실내의 고양이들이 굳이 발성을 하는 이유는 무엇일까?

에너지 소모가 불충분하거나 건강상의 문제가 없다면 대부분은 환경적응을 하지 못해 발생하는 문제이다(입양, 파양, 이사).

환경에 적응시키기 위해 아래와 같은 방법은 매우 효과적이다.

준비물: 사료

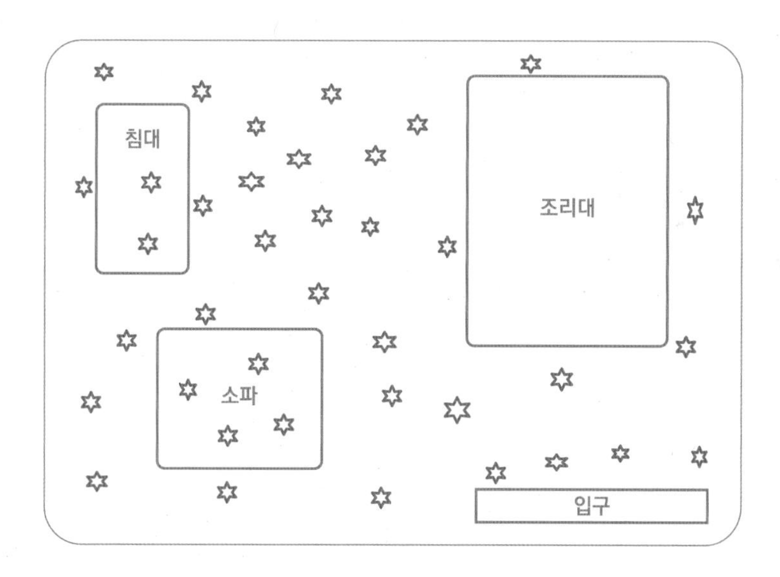

[그림 1]

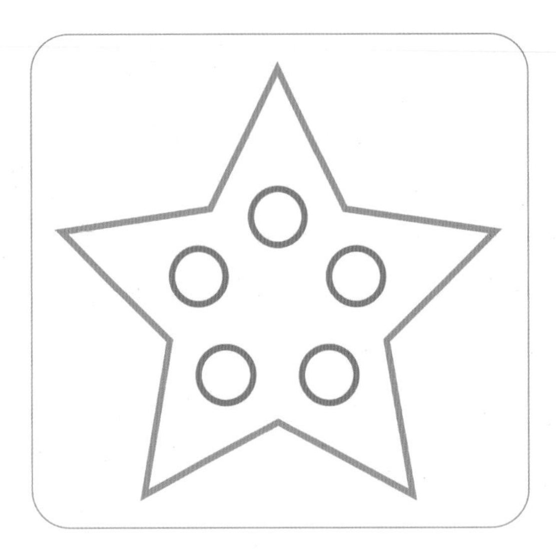

[그림 2] 별표 하나에 사료 5알

출처 박민철.

그림 1과 같이 집 안의 모든 장소에 사료를 놓아준다.

그림 2처럼 별표 1개가 사료 5알이다.

하루 만에 집 안의 모든 장소에 사료를 뿌려둘 수는 없으니 부분적으로 실행한다(거실, 안방, 작은방, 주방, 베란다 등).

고양이는 음식을 먹을 때 단순히 먹는 행위만 하는 것이 아니라 항상 주변을 탐색하거나 관찰, 경계하는 습성이 있다. 이러한 습성 때문에 사료를 찾아 먹으면서 집 안의 곳곳을 탐색하고 집 안 구조물을 관찰하게 된다. 이러한 행동이 반복되면서 서서히 집 안의 구조물과 냄새, 소리에 적응하기 시작한다.

3~7일 정도 시행하면 효과를 볼 수 있다. 적응을 하게 되면 자연적으로 발성은 감소하거나 사라진다.

단, 조리대 위에는 사료를 올려두지 않는다. 조리대 위에 오르는 경험이 될 수 있기 때문이다(화재 위험성).

*고양이가 화재를 일으키는 사례들이 있다. 특히 조리대 위의 모든 밸브와 버튼은 반드시 주의해야 한다. 최근에는 밸브와 버튼에 잠금 장치를 할 수 있는 제품들이 판매되고 있으니 참조하길 바란다.

개의 산책 방법

개는 일일 에너지를 소모해야 하는데 실내의 개는 에너지를 소모할 만한 일들이 많지 않다. 대부분의 보호자들은 장시간 집을 비워야 하고 개는 홀로 남겨진다. 이는 활동량이 많은 개의 입장에서는 매우 무료하고 곤욕일 수 있다. 때문에 짧은 시간에 충분한 에너지를 소모시킬 수 있는 활동들이 필요하다(놀이, 산책, 학습 등).

또한, 오랫동안 함께 있어도 에너지 소모를 제대로 해주지 못하는 보호자에게 동물은 신뢰성을 가지지 못할 수도 있다.

지루한 놀이는 효과적이지 못하다. 지루한 방식의 산책은 효과적이지 못하다. 사람의 기준에서 시행하는 학습은 효과적이지 못하다.

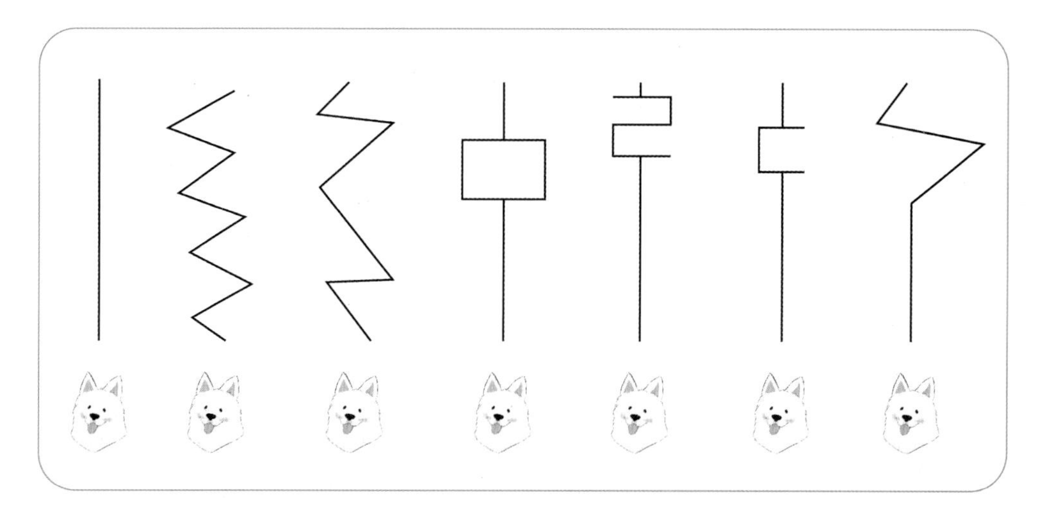

A와 같은 직진형 산책보다 B, C, D, E, F, G 형태의 산책은 단조롭지 않고 동물의 흥분을 감소시킬 수 있기 때문에 에너지가 넘치는 개, 산책이 부족한 개, 짖음이 많은 개, 공격성이 있는 개, 사회성이 부족한 개는 이러한 산책 방법이 도움이 될 수 있다.

교육 및 놀이 시 주의 사항

개와 고양이의 교육 및 놀이 시에는 반드시 몇 초간의 눈 맞춤이 필요하다.

대부분의 개와 고양이들은 사람의 눈을 오랫동안 쳐다보지 못하기 때문에 보호자와의 소통에 오류가 발생한다. 간식을 주더라도 눈을 보고 주고, 칭찬을 하더라도 눈을 보고 칭찬하자.

또, 정확히 신호(음성신호, 시각신호)해야 한다. 교육은 음성신호보다는 시각신호가 더 효과적이다.

예 앉아, 엎드려, 기다려 등을 지시할 때 말로 하는 것보다는 몸짓으로 하는 것이 더 효과적이다(교육할 때는 주로 손동작으로 한다. 주먹, 손바닥, 검지 등 이용).

단순히 흔들고 깨물고 뛰는 놀이뿐만 아니라 연합적 사고 위주의 놀이를 추천(숨기기 놀이, 찾기 놀이 등)한다.

발성할 때 주의해야 할 행동

동물의 발성은 정상적 행동이지만 과하거나 밤에 하는 것은 보호자를 당혹스럽게 한다. 때문에 즉각적인 통제를 하는 경우가 많은데 이때 간식 주기, 놀아주기, 어루만져주기, 안아주기, 말 붙이기, 함께 있어주기, 혼내기 등의 행동은 보상작용이 되어 문제행동이 더욱 강화될 수도 있기 때문에 주의해야 한다.

7. 분리불안 문제

동물이 애착 관계가 형성된 사람과 분리되었을 때 나타나는 불안증상을 분리불안이라고 한다.

원인

질환, 환경 자극, 부적절한 애착 관계, 부적절한 그루밍, 통증, 트라우마, 유전 등 분리불안의 문제는 신뢰성일 가능성이 크다.

사람이 외출할 때 개가 사람을 얌전하게 바라본다면 그 사람을 신뢰하고 있고, 공포스러워하거나 힘들어하면 그 사람을 신뢰하지 못한다는 증거이다(미국 에모리 대학교 신경과학 전문가 - 그레고리 번스 교수).

보호자가 외출하더라도 반드시 돌아온다는 원리를 잘 알고 있다면 분리불안으로부터 벗어날 수 있다. 하지만 동물은 우리가 언제 귀가하는지, 무엇 때문에 매일같이 외출하는지, 외출해서 무엇을 하고 누구를 만나는지 알지 못한다. 특히 보호자를 지키려는 복종심리가 강한 개의 경우는 분리불안 증상이 더욱 심할 수 있다.

개는 불안해도 보호자에게 전화를 걸 수도 없고, 찾으러 나설 수도 없다. 그렇다고 귀가한 보호자에게 하루 일과를 물어볼 수도 없다. 하지만 내일 또다시 보호자는 외출을 하고 귀가 시간도 일정하지 않다. 당연히 불안증이 생길 수밖에 없는 상황이다.

보호자가 매일 똑같은 시간에 외출 및 귀가하고 일상생활이 일관성 있게 규칙적이고 감정적으로 안정된 상태라면 개는 분리불안증이 생길 이유가 있을까? 때문에 분리불안 증상의 해결책은 보호자와의 신뢰성이 매우 중요한 단서가 되겠다.

신뢰성을 형성하기 위해서는 아래와 같은 조건들이 필요하다.

처벌 주의, 소리 지르지 않기, 부드러운 핸들링, 같은 목소리 톤, 보상 제공 시 일관성, 감정적으로 다루지 않기, 동물이 알아듣지 못하는 말을 많이 하지 않기, 동물이 알아들을 수 있도록 같은 단어 및 짧은 문장을 반복적으로 사용하기, 안락한 환경 제공 등은 필수이다.

질환이 있다면 수의학적 처치, 불안 요소 제거 및 적응(특히 실내·외 생활 소음), 물리적 자극, 화학적 자극, 환경 자극 주의, 안락한 체류 공간 제공(매우 중요), 일상생활에서 분리 개념 인지시키기, 잠자리 분리, 휴식 공간 분리, 탈 감작화, 체계적 둔감화를 시도해야 한다.

신뢰성을 형성하는 방법 8가지

① 일관성 있는 행동을 한다.

② 정확한 소통을 한다.

③ 처벌을 최소화한다.

④ 윽박지르며(강압적으로) 가르치지 않는다.

⑤ 개의 입장에서 알기 쉽게 바람직한 행동을 가르친다.

⑥ 반복적인 경험 및 훈련에 의한 단어 외에는 사람의 언어와 상식을 개는 이해하지 못하니 주의하여 반려한다.

⑦ 가정에서 식구들이 규칙을 통일한다.

분리불안 증상이 있을 때 주의해야 할 행동

분리불안은 대개 발성, 배설, 이식증을 동반한다. 불안하기 때문에 짖거나 우는 행동을 하고, 실내 곳곳에 배변과 배뇨를 하거나 먹지 말아야 할 것들을 물어뜯어 먹기도 한다.

이 모두 불안에서부터 오는 증상들이다. 때문에 처벌은 결코 바람직한 해결 방법이 아니다. 처벌하는 모든 행동이 결과적으로는 동물에게 관심을 주는 행동이 될 수도 있기 때문에 문제행동은 더욱 강화될 수 있다.

8. 파괴 문제

동물이 물건이나 환경을 이빨 또는 발톱으로 긁어서 파손하는 행동을 말한다.

원인

질환(통증), 유전, 욕구불만, 부적절한 에너지 소모, 무료함, 극심한 스트레스, 정신 질환, 인지장애, ADHD 등이 원인이 된다.

해결

질환(통증)의 경우 수의학적 진단 및 처치, 적절한 에너지 소모 및 놀이, 바람직한 행동 인지시키기, 극심한 스트레스 감소 등을 통해 해결한다.

사람은 언제 파괴적인지 생각해보자. 극심한 스트레스를 받을 때, 통증이 심할 때, 욕구불만일 때 파괴적인 행동을 보일 때가 있다.

동물도 마찬가지이다. 동물에게 있어서 극심한 스트레스는 무엇일까? 한정된 공간에 구속되어있는 것은 빼놓을 수 없는 원인 중에 하나일 것이다.

동물은 원하는 이성이나 동료를 선택할 수도 없다.

원치 않는 소음, 냄새, 수술 및 처치 등도 동물들에겐 극심한 스트레스일 수가 있다. 생활 소음은 최소화해주고(특히 자동인식 기계음들, 자명종, 각종 알림 소리 등) 피치 못하게 동물들이 싫어하는 행동을 할 때는 반드시 긍정적인 보상 및 강화를 해주도록 하자(병원 방문, 주사, 투약, 위생관리, 차량 탑승 등).

처음에는 다소 시간이 소요될 수 있지만 처음에 제대로 학습해 주고 좋은 기억을 형성해 주면 이후부터는 동물도 보호자도 편안할 수 있다.

파괴 문제가 있을 때 주의해야 할 행동

파괴 문제는 감정적인 상태에서 주로 발생하는데 동물의 타고난 기질도 그 원인이지만 대개는 자라온 환경에 의해 발현되는 경우가 많다. 주로 억압된 환경에서 자란 동물에게서 빈번히 관찰된다.

때문에 처벌보다는 동물이 문제행동을 일으키지 않았을 때 보상을 해주는 것이 오히려 효과적일 수 있다. 이 문제는 장기적으로 계획을 세워야 하고 처벌은 큰소리와 물리적인 압박을 주는 방식보다는 일관성을 유지하는 것이 효과적이며 가급적이면 보상을 제공하는 것을 추천한다.

9. 상동행동 문제

동물이 같은 행동을 지속적으로 반복하는 행동이다.

원인

무료함, 두려움증, 불안증, 공포증, 강박증, 인지장애 증후군(치매), 트라우마, PTSD 등으로 인해 발현된다.

주요 특징

같은 행동을 계속적으로 반복(상동행동, 정형행동)하고, 본래의 행동양식이지만 행동의 빈도가 많거나 적은 경우(성행동, 배설행동, 그루밍, 발성, 수면, 과활동성, 짖음, 울음, 공격, 배설, 경계, 과식, 배회, 한쪽 방향으로 돌기, 꼬리 쫓기 등)도 해당된다.

행동이 과도하고 반복적이라는 공통점이 있다.

해결

질환(통증)의 경우 수의학적 진단 및 처치, 적절한 에너지 소모 및 놀이(매우 중요)를 한다.

행동 풍부화(매우 중요, 개는 앞서 설명한 산책 방법을 참조하여 다양한 경로의 산책을 자주 해주고, 고양이는 숨을 수 있는 공간과 오를 수 있는 공간을 많이 제공), 바람직한 행동 인지시키기, 극심한 스트레스 감소(특히 생활 소음 주의, 고양이의 경우는 소리에 매우 예민하기 때문에 실내에서 TV를 시청할 때도 볼륨을 최대한 낮추어야 한다)에 힘쓴다.

10. 공포증(Phobia)

두려운 자극이 사라졌음에도 지속적으로 두려워하는 상태를 말한다.

원인

기질 및 유전, 각종 생활 및 자연환경, 순화 부족, 사회화 부족, 구속, 강압적인 교육, 과거 경험, 재파양, 고립, 부적절한 학습 등이 원인이 될 수 있다.

예 고소공포, 물, 바람, 비, 주사기, 클리퍼, 가위, 리드 줄, 엘리베이터, 자동차, 비행기, 폐쇄, 동물, 사람, 곤충, 생활 소음, 냄새, 환경 등 매우 다양하다.

해결

수의학적 진단 및 처치(항불안제), 안정된 환경, 스트레스 최소화, 체계적 둔감화, 탈 감작화, 민감소실 요법 등이 도움이 된다.

*홍수법(flooding): 두려운 환경 및 대상(자극)에 지속적으로 노출하여 적응시키는 방법.

예 오토바이 공포증이 있는 동물은 오토바이에 계속 노출시켜서 적응시킨다.

어린이에 대한 공포증이 있는 동물은 어린이에 계속 노출시켜서 적응시킨다.

미용 도구에 공포증이 있는 동물은 미용 도구에 계속 노출시켜서 적응시킨다.

물론 이러한 방법으로 행동교정이 되는 경우도 있지만 필자는 추천하고 싶지는 않다. 이유는 동물의 타고난 기질과 공포증 정도에 따라 결과가 더 악화되는 경우도 있기 때문이다.

기질이 강한 동물이라면 효과가 있을 수 있지만 기질이 약한 동물은 트라우마 또는 PTSD로 발전될 수도 있기 때문이다.

공포증상이 있을 때 주의해야 할 행동

공포증의 유발 인자에 오랜 시간 노출하면 문제행동이 감소되는 동물도 있지만 오히려 부작용이 생기는 경우도 있기 때문에 공포반응 정도와 동물의 타고난 기질에 따라 교정 방법이 결정되어야 한다.

특히 예민하거나 질환이 있는 동물의 경우에는 가급적이면 공포증 유발 인자에 장기 및 직접적인 노출은 주의하고, 반드시 체계적으로 둔감화하는 방법을 사용하여 탈 감작하도록 한다.

11. 기질의 정의

동물이 내적 및 외적인 자극에 대해 적절한 반사적 행동을 일으키는 것이며, 성격의 타고나는 특성이다.

동물의 기질은 동일한 상황에도 심리적, 성질적인 차이에 따라 각각 반응이 다르다.

개의 예

개가 자극을 받았을 때 반응하는 동작에 따라 성품이 굳은 개, 성품이 굳은 것 같은 개, 성품이 유연한 개, 성품이 유연한 것 같은 개 등 4가지가 있다.

본능, 용기, 경계심, 충성심, 산만함, 안정감 등 특성적인 용도에 맞추어진 감정들은 모두 기질의 범주에 속한다.

기질이 강한 동물

천둥 번개에 반복적으로 노출되면 천둥 번개에 적응할 가능성이 크다.

기질이 약한 동물

천둥 번개에 반복적으로 노출되면 공포증으로 발전할 가능성이 크다.

기질을 파악하여 동물을 반려하면 사전에 문제행동 발생을 예방할 수 있다.

12. 기질에 따른 성격 분류

동물의 성격을 명확히 분류하는 것은 쉽지는 않지만 현재까지 밝혀진 연구 결과에 따른 분류이니 참조만 하도록 하자.

❶ 안정형

외부의 다양한 자극에도 잘 적응하고 회복이 빠르며 사회화가 잘 되어 있고 사교성이 좋은 편이다.

❷ 불안정형

외부의 작은 자극에도 잘 적응하지 못하고 회복이 느리며 사회화가 잘 되어 있지 않은 편이다(자극에 대해 공포증으로 발전하는 경우가 많다).

예 사람, 동물, 핸들링, 주사기, 진료행위, 천둥, 번개, 초인종 소리 및 각종 생활 소음 등의 자극에 반응한다.

❸ 리더형

외부의 다양한 자극에도 잘 적응하고 회복이 빠르며 사회화가 잘 되어 있고 사교성이 좋은 편이다. 특히 무리 내의 지도와 중재를 잘하는 것이 특징이다.

❹ 복합형

일관성이 없는 경우이며 상황 및 환경에 따라 각기 다르게 반응한다.

동물의 타고난 성격에 대해서는 아직까지 명확히 정의하긴 어렵지만 사람의 심리연구 결과를 토대로 설명을 하자면 성격의 50~80%는 선천적으로 모태에서부터 형성되며 나머지 20~50%는 생후 6~8개월까지 후천적으로 형성될 수 있다고 본다. 중요한 것은 비율이 아니라 결국은 경험과 학습에 의해 행동에 변화를 줄 수 있다는 것이다.

타고난 기질(성격)은 바꿀 수 없지만 교육에 의한 품행은 형성할 수 있다.

1. 시각장애(백내장, 녹내장, 안과 질환)
2. 청각장애(청력장애)
3. 후각장애(퇴화)
4. 골격(척추, 무릎)

07

노령동물의 주요 문제행동 관리

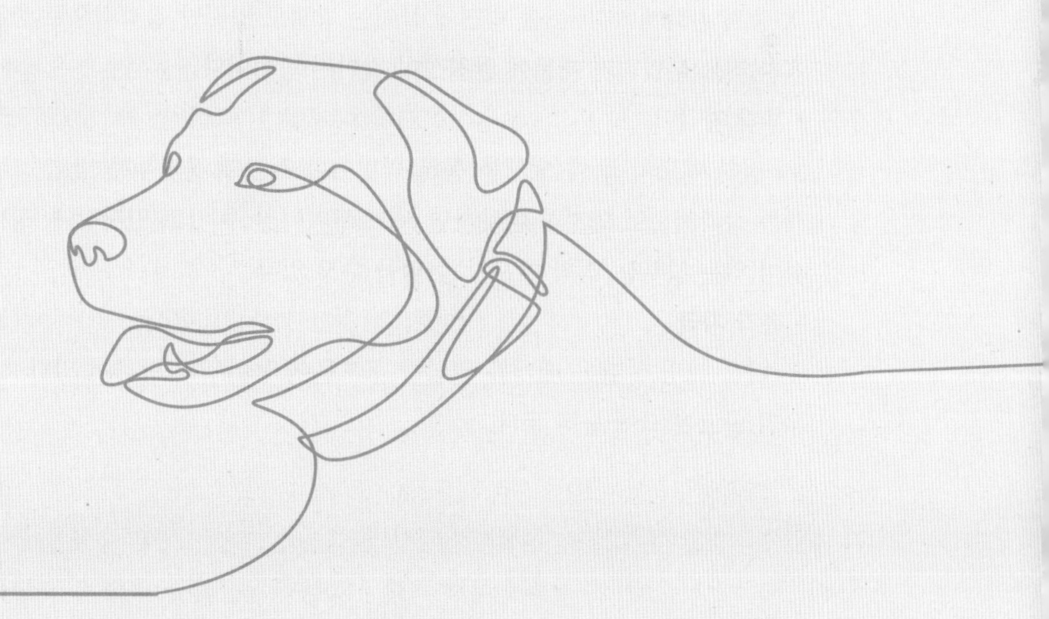

동물의 복지, 삶의 질 향상의 측면에서 동물도 고령으로 갈수록 시력, 청력, 후각, 근골격계가 퇴화되거나 나빠질 수 있다. 치료 가능한 질병은 적극적으로 치료를 해주고, 치료가 불가능할 때는 어떻게 해줄 수 있을까? 노화를 막을 수는 없지만 동물의 편의성과 안전성을 높여 복지환경을 제공할 수 있다.

본 과목에서는 위와 같은 문제로 동물보건사가 상담하기 어려웠던 문제와 해결책을 제시한다.

1. 시각장애(백내장, 녹내장, 안과 질환)

노령동물은 특히 각/결막염, 백내장, 녹내장 질환이 올 수 있는데, 이때 구조물을 제대로 인지하지 못해 구조물에 부딪히는 사례가 많다.

이런 상황에 노출되면 동물은 신체적 손상은 물론이며 불안감과 자존감에도 문제가 생길 수 있고, 무기력증, 우울증 등으로 인한 2차 문제행동이 발생할 수도 있다.

해결 방법

- **충격 완화제**

충격 완화제(뽁뽁이 등)를 벽면에 붙이는 방법도 있지만 결과적으로 충격 완화제에 머리를 부딪히기 때문에 안전성이 결여된 방법이다.

- **후각 자극**

'점착 메모지' 등에 냄새를 묻혀 벽면이나 사물에 붙여두는 방법도 있지만 냄새를 즉각적으로 인지하지 못하면 사고로 이어질 수 있고 인지장애, 강박장애 증상이 있는 경우는 '점착 메모지'를 먹을 수도 있다.

- **촉각 자극**

다음 그림과 같이 베개를 위험한 구조물에 놓아두는 방법이 있다. 베개를 세우지 말고 바닥에 눕혀 둔다.

모서리 부분에 베개를 두면
동물은 모서리 방향으로 가더라도
베개가 자신의 가슴 또는 다리에
닿기 때문에 사물을 인지하고
우회한다.

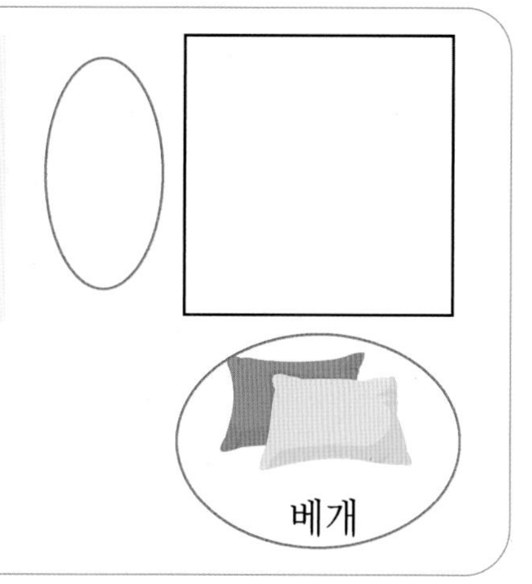

동물에게 천천히 다가가서 30~50cm 정도의 거리에서 동물의 가슴 쪽으로 입김을 2~3회 살짝 불어 준다(1차 인지). 이후에 동물의 눈으로부터 30~50cm 거리에서 손을 좌우로 천천히 흔들어 준다(명암 구분 가능, 2차 인지).

이 방법은 촉각 및 시각을 이용한 방법이다.

2. 청각장애(청력장애)

이름을 불러도 잘 듣지 못하여 소통에 오류 및 부재가 생기고, 소리를 제대로 듣지 못하여 불안한 환경에서 생활한다.

이 경우 멀리서 호명하는 것은 효과적이지 않다.

해결 방법

동물에게 천천히 정면으로 다가가서 동물의 눈으로부터 30~50cm 거리에서 손을 좌우로 천천히 흔들어 준다.

동물에게 신호를 전달할 때는 소리를 듣지 못하기 때문에 수신호(시각신호)를 해주는 것이 좋다.

예 "밥 먹자" 주먹 쥐고 좌우로 천천히 흔들기

"이리와" 손뼉 치기

"네 자리로 가" 검지 손가락만 펴고 좌우로 천천히 흔들기

"그만 또는 안돼" 손바닥 펼쳐 보이기 등

3. 후각장애(퇴화)

개와 고양이는 후각이 매우 발달되어 있으며, 상황이나 사물을 인지할 때 후각으로 판단하고 회피, 도주, 적응하는데, 후각이 퇴화되면 공기 중의 화학적 냄새를 제대로 수용할 수 없기 때문에 판단을 제대로 할 수 없어 불안한 증상이 나타날 수 있다.

① 냄새는 후각 세포와 점막, 수분에 의해 수용되는데, 이비인후과의 질환이 있으면 치료를 받는다. 치료가 불가능하다면 코가 촉촉하도록 습도를 유지한다(40~60%).

② 목욕 후 드라이할 때 더운 바람은 사용하지 않는다.

③ 음식을 줄 때 보호자가 음식을 먹는 흉내를 내고 제공한다(신뢰 형성).

④ 동물을 핸들링할 때는 반드시 손을 씻는다(핸드크림, 유제품, 방향제 등 주의).

⑤ 얼굴에 화장을 한 상태에서는 동물과 입을 맞추거나 포옹하지 않는다.

⑥ 뜨겁거나 매운 음식은 피하고, 가급적이면 음식은 따듯하게 데워준다(음식은 온도가 높을수록 냄새가 강하기 때문이다).

⑦ 산책할 때 바람이 부는 반대 방향으로 간다(건조).

4. 골격(척추, 무릎)

척추, 무릎 등 골격 관련 문제들은 주로 실내의 환경에서 발생한다.

예 바닥이 미끄러운 경우, 보호자를 반기는 행동으로 점프, 소파 오르내리기 등을 자주 하는 경우

해결 방법

미끄럽지 않은 바닥재를 깔아준다. 동물의 걸음걸이가 불안정하거나 다리가 벌어진 상태로 걷는다면 바닥이 미끄러움을 의심해 볼 수 있다.

보호자를 반기는 행동 중에 보호자가 서 있을 때 무릎 쪽으로 점프하는 개들이 있다. 점프할 때마다 긍정적으로 반응을 해주었기 때문에 생기는 행동결과이다. 점프하는 즉시 손바닥을 펴서 동물에게 보여주면서 "그만"이라고 단호히 말하고 문을 열고 밖으로 나간다. 1분 후 귀가했을 때 동물이 점프하지 않고 보호자를 얌전히 맞이한다면 신발을 벗고 집 안으로 들어간다. 집 안으로 들어왔을 때 또다시 점프한다면, 처음부터 다시 시행한다.

이 방법은 비강압적인 편이지만 시간이 많이 소요되는 단점과 특히 관절, 수술 후의 동물인 경우는 매우 위험할 수 있다. 때문에 즉각적으로 이 행동을 멈출 수 있는 방법을 제시할 수도 있어야 한다.

동물들이 싫어하는 생활용품들을 사용하는 방법도 효과적이다.

예 점프할 때마다 드라이기를 보여주거나 작동시킨다.

점프할 때마다 청소기를 보여주거나 작동시킨다.

점프할 때마다 발톱 손질을 하거나 칫솔질을 한다.

1. 동물병원에 대한 과민반응 및 스트레스 관리
2. 수술 후 핸들링에 예민한 상황
3. 피부 약물 도포 시 예민한 상황
4. 경구 투약 시 예민한 상황
5. 수술 후 높은 곳을 뛰어 오르내리는 상황
6. 병원 방문 후 화장실을 가리지 않는 상황
7. 병원 방문 후 절식하는 상황
8. 병원 방문 후 자주 짖거나 우는 상황
9. 병원 방문 후 저활동성/과활동성을 보이는 상황
10. 병원 방문 후 상동행동을 보이는 상황
11. 병원 방문 후 파괴 행동을 보이는 상황
12. 병원 방문 후 포식성 공격행동을 보이는 상황
13. 병원 방문 후 정상적인 수면을 하지 못하는 상황
14. 병원 방문 후 부작용을 호소하는 상황

08

행동교정의 정의, 교정도구, 절차, 준비사항, 순서, 방법 선택

1. 동물병원에 대한 과민반응 및 스트레스 관리

개와 고양이에게 있어 동물병원 방문은 선택이 아닌 필수이다. 물론 선택에 의한 검진도 있겠지만 종합 백신 예방접종은 피할 수 없기 때문이다.

사람의 경우는 스스로 판단해서 자의적으로 내원하지만 동물의 경우는 그렇지 않다. 동물은 자신이 왜 병원에서 진료받고 치료 및 수술을 받는지 전혀 알지 못한다. 동물들의 세계에는 병원이 없기 때문이다.

반려동물을 양육하다 보면 피치 못하게 다양한 질환에 노출되기도 한다. 때로는 질환이 아닌 선택적인 처치도 있을 수 있다(중절 수술 등). 이때는 동물을 동반하고 병원을 방문해야 하는데 이미 이 시점부터 동물들은 긴장하고 스트레스를 받기 시작한다.

보호자와 병원 직원은 동물병원 방문 전에 일어나는 일들에 대해 알 필요가 있다.

예컨대 병원 방문 전의 목욕 - 드라이 - 이동장 구속 - 차량 이동 - 병원 방문 과정에서 이 동물은 병원 방문 전에 이미 스트레스를 받았을 것이다. 진료하기도 전에 이미 경계심이 가득한 상태에서 긴장되거나 공격적인 행동을 보일 수 있다.

우리는 불안에 떨고 있는 동물들을 어떻게 응대하고 안전하게 진료 및 처치를 할 수 있을까?

◆ 동물 응대

동물은 이미 스트레스를 받은 상황이라 간주하고 응대해야 한다.

① 눈을 오랫동안 쳐다보지 말 것
② 머리부터 핸들링하지 말 것
③ 동물의 성격이 어떤지 보호자에게 확인할 것
④ 동물이 만지면 싫어하는 곳을 보호자에게 확인할 것
⑤ 크고 굵은 저음의 소리로 동물의 이름을 부르지 말 것
(보호자에게 이름을 어떻게 부르는지 물어보고 최대한 비슷하게 고음으로 부드럽게 부를 것)
⑥ 동물이 병원 내부를 이탈하지 않도록 주의할 것
⑦ 다른 동물과의 접촉은 되도록 주의시킬 것

◆ 보호자 응대

❶ 인사

보호자도 긴장하고 있기 때문에 안정감을 조성해 주어야 한다.
"고양이가 너무 예쁘네요. 의사 선생님께서 잘 봐주실 테니 너무 걱정 마세요~"

❷ 정보수집

최대한 자연스럽게 정보를 물어보고 수집한다.
"강아지가 참 예쁘고 어려 보이는데 몇 살인가요?"

❸ 고민(주 호소)

어떠한 이유로 내원하였는지 구체적으로 듣는다.

동물들은 본능적으로 처음 접하는 환경 및 대상을 두려워한다.
이는 야생에서는 더욱 중요하다. 만약 두려움을 나타내지 않는다면 살아남을 수 없을 것이다(천적으로부터 방어/도주).
동물도 두려우면 당황하고 배설을 실수하거나 헛발성(짖음, 울음)이 있을 수 있다.

우리도 당황하면 잘 알고 있는 시험문제의 답을 틀리기도 하는 것처럼 말이다.

동물을 두려움으로부터 벗어나게 해주는 것이 문제행동 수정에 있어 가장 기본적인 자세이다.

◆ 외관으로 살펴보아야 할 것들

- 행동: 비정상적인 행동 여부
- 눈: 눈곱 및 순막 상태
- 코: 콧물 및 냄새
- 귀: 이물질 및 냄새
- 입: 청결 및 냄새
- 복부: 외관상의 특이점
- 엉덩이: 설사 및 냄새
- 털: 비듬 및 부분 탈모, 모질 상태
- 기타 과거 병력 및 성향 등

병원 직원은 보호자 응대 및 접수 과정에서 위의 내용들을 관찰 및 기록해 두었다가 담당 수의사에게 특이 사항을 전달해 줘야 한다. 이처럼 기본적인 정보만 전달해 줘도 진료가 순조로울 수 있다.

*동물 보건사는 진료를 하는 것이 아니라 의사가 진료를 빠르고 정확하게 할 수 있도록 보조적 역할을 하는 것이다.

예 이 고양이는 성격이 예민해서 머리에 손을 대면 싫어한다.

이 강아지는 사회성이 좋아서 온몸에 핸들링 가능하고 주사 맞을 때도 얌전하다.

2. 수술 후 핸들링에 예민한 상황

보호자: 강아지가 중절 수술 후에 제가 안으려고만 하면 으르렁거려요.

동물보건사: 보호자께서 강아지를 안고 병원을 방문하셨기 때문에 강아지 입장에서는 "안아주는 행동+동물병원"을 연상할 수 있습니다. 보호자님을 싫어해서 하는 행동이 아니니 걱정 마시고요.

수술 후 1달 정도는 강아지를 안아 올리는 행동은 주의하시고, 강아지가 산책을 좋아한다면 산책 전에 현관문 앞의 바닥에서 강아지를 10cm 정도 높이로 살짝 들어올려서 안았다가 곧바로 바닥에 놓아주신 후 즉시 현관문을 열고 산책을 나가시면 됩니다.

서서히 반복적으로 해주시면 "안아주는 행동+산책"을 연상하게 되어 향후 안아주더라도 공격적인 행동이 교정될 수 있습니다.

3. 피부 약물 도포 시 예민한 상황

보호자: 고양이 피부에 약을 바르려고 하면 저를 할퀍니다.

동물보건사: 약을 바르는 것을 좋아하는 고양이는 흔치 않습니다.
고양이의 행동은 정상이니 걱정 마시고요, 고양이가 좋아하는 간식을 주면서 약을 천천히 부드럽게 마사지하듯 발라주세요.
그리고 고양이가 보호자님이 귀가하셨을 때 마중 나오는 행동을 한다면, 보호자님께서 귀가하셨을 때 즉시 간식을 주면서 약을 발라주는 것도 좋습니다.
*반려동물과 보호자의 애착 관계가 형성된 경우

고양이는 보호자님이 귀가하는 것만으로도 "1차 보상"이 되고, 간식을 주는 것은 "2차 보상"이 되기 때문입니다(강화의 원리 적용).

4. 경구 투약 시 예민한 상황

경구 투약이 수월한 동물은 드물다. 경구 투약을 즐길 수는 없지만 거부 반응을 최소화해 줄 수는 있다.

싫어하는 것을 좋아하게 만드는 행동이론을 생각해 보자.

역 조건화로 투약할 때마다 동물이 좋아하는 특별한 보상을 제공하는 것이다. 이때 보상물은 투약의 부정적인 자극보다 더 강한 긍정적인 자극이어야 한다. 즉 동물이 강하게 집착하거나 좋아하는 무언가를 주어야 한다(플러스 강화).

하지만 현실에서는 쉽게 적용하기 힘들 것으로 보인다. 이때 기억의 원리를 적용해 보자. 보호자가 귀가할 때 즉시 간식을 주면서 함께 투약한다. 하루 종일 무료한 상태의 반려동물은 보호자가 눈앞에 나타나기만 해도 가장 큰 보상이 될 것이다. 더군다나 간식까지 준다면 2차 강화가 된다. 이런 상황에서는 투약을 해줘도 크게 거부하지 않는다.

물론 거부 반응이 있을 수도 있지만 일시적일 뿐이고, 상호 간의 감정이 악화되는 것을 최소화할 수 있다.

또는, 산책 나가기 전에 현관문 앞에서 리드 줄을 매면서 투약을 한다. 대부분의 반려견은 산책 나가기 직전에 매우 흥분하기 마련이다. 그때 리드 줄을 해주면 2차 강화가 된다. 특히 현관문 앞에 나서면 더욱 흥분한다. 이때 투약을 해주는 것도 좋은 방법이다.

고양이의 경우는 간식과 함께 약물을 배합하여 주는 방법이 있지만 대부분 거부할 것이다. 이때 체계적 둔감화 이론을 적용해보자. 약물의 양을 소량 배합하고 점점 늘려준다. 물론 예민한 고양이는 이렇게 해줘도 먹지 않을 것이다.

고양이가 좋아하는 낚시 놀이를 이용해보자. 낚싯대 줄에 매달린 '루어'에 소량의 약물을 묻힌 후 평소처럼 놀아준다. 고양이는 평소처럼 '루어'를 앞발로 잡을 것이다. 이때 약물이 고양이의 앞발에 묻게 되고 고양이는 이를 제거하기 위해 앞발을 그루밍을 한다. 그때 즉시 간식을 함께 제공하자(2초 이내).

간식을 한번 제공할 때는 한 입에 먹을 수 있는 정도의 적은 양을 제공한다.

이와 같은 방법을 반복하면 고양이는 약물에 대한 민감성이 감소될 수 있다.

고양이가 약물에 어느 정도 적응되었다고 판단되면 약물과 간식을 배합하여 제공하도록 하자.

*평소 간식을 제공할 때 위와 같은 방법으로 제공한다.

그 외에는 간식은 주지 않는 것이 효과적이다.

동물의 기억원리

① 반복

② 다감각 활용(시각, 청각, 후각, 미각, 촉각)

③ 정서의 활용(기쁨, 두려움)

④ 자신과 직/간접 연관성

⑤ 스토리(과거, 현재, 미래)

동물은 위의 5가지 원리에 의해 단기기억을 장기기억으로 저장한다.

예 반려견에게 "나는 좋은 사람이야" 기억을 심어주고 싶다면?

④ 직접 연관성: 강아지가 나를 쳐다볼 때 간식을 제공한다.

⑤ 스토리: 음식을 던져주거나 숨겨서 제공한다.

② 다감각 활용: 시각, 청각, 후각, 미각, 촉각을 이용하여 간식을 먹었다.

이 과정을 총 10회 반복한다.

강아지를 볼 때마다 간식을 던져주거나 숨겨서 주었다면(10회 반복), 강아지의 단기기억이 장기기억으로 발전할 수 있다.

물론 반복 횟수가 많을수록 장기기억으로 발전될 가능성은 더욱 커진다.

이성친구와 자주 해안 길을 드라이브하고 해변에서 맛있는 음식을 먹고 지는 노을을 함께 감상했다. 우리는 이성친구를 장기기억으로 저장할 수밖에 없다.

이처럼 동물들도 단순하게 무언가를 제공하는 것보다는 "스토리"를 만들어서 제공해주면 장기기억으로 남을 가능성이 크다.

5. 수술 후 높은 곳을 뛰어 오르내리는 상황

특히 관절 수술 후에 높은 곳을 오르고 내린다면 정말 난감하다. 보호자들은 이 문제로 병원 직원에게 호소하곤 한다.

가장 선행되어야 할 것은 오를 수 있는 사물들을 제거하는 것이다. 하지만 실제 상황에서는 이것은 대부분 불가능하다. 가령 소파를 오르내리는 개의 경우에 소파를 제거할 수는 없다. 이때 소파 위에 개가 두려워하는 물체를 올려놓으면 된다.

예 청소기, 드라이기, 전자 클리퍼, 치약, 칫솔, 브러시 등

특히 청소기와 클리퍼는 아주 효과적일 것이다.

하지만 이 방법이 효과가 없다면 소파에 오를 때 개에게 즉시 우산을 펼쳐 보인다. 개는 깜짝 놀라 바닥으로 내려갈 것이다. 이 방법은 개뿐만 아니라 고양이게도 효과적이다. 펼쳤던 우산을 개에게 충분히 보여주고(인지시키기) 천천히 소파 위에 올려둔다. 이후부터 개는 소파 위에 오르는 일은 없을 것이다.

*우산을 펼친 상태로 올려두면 더욱 효과적이다.

이 방법은 매우 즉각적이고 빠르며 효과적이다. 하지만 우산을 사용하는 방법은 행동교정에서는 결코 추천할 만한 방법은 아니다. 우산은 동물에게는 아주 침습적이고, 강압적인 방법이기 때문이다.

다만 반려동물의 건강 상태가 심각히 악화되고 이 문제로 재수술을 하거나 보호자와의 관계가 심각하게 악화될 경우에 예방 차원에서 마지막 수단으로 사용하길 간곡히 바란다.

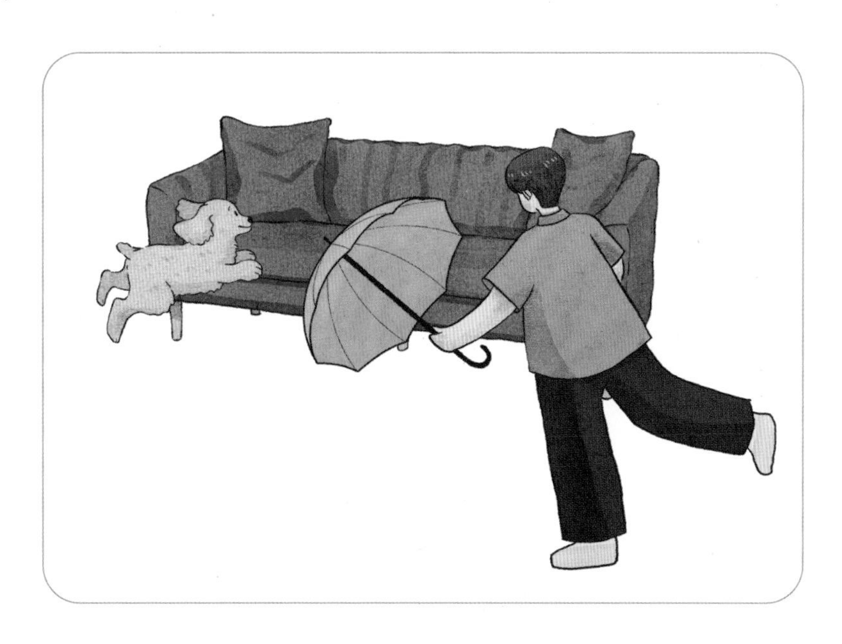

6. 병원 방문 후 화장실을 가리지 않는 상황

반려동물들이 병원 방문 후에 지정 화장실을 가리지 않는다는 호소는 아주 흔한 일이다. 하지만 이 문제는 대부분 시간이 지나면 자연스럽게 해결되는 일시적인 행동이기 때문에 크게 염려할 필요는 없다. 필자의 경험에 의하면 3일~2주 정도가 지나면 대부분의 문제는 사라진다.

실수하면 특별한 말과 행동은 삼가고 조용히 뒤처리를 해주는 것을 추천한다. 이때 보호자의 잘못된 개입이 동물의 행동을 강화시키고 습관화한다. 이처럼 보호자의 개입은 매우 중요하다. 반려동물의 입장에서는 보호자의 행동을 보고 인지하고 판단하고 학습할 수밖에 없다. 보호자의 말과 행동 하나가 이처럼 중요하다는 의미이다.

2주 이상 지속적으로 실수하는 경우는 보호자가 적극적으로 개입하여 교정해 줘야 한다. 이 경우는 화장실을 가리지 못했던 동물이 아니라 동물병원 방문 후부터 발생한 문제이기 때문에 화장실 교육을 처음부터 다시 해 줄 필요는 없다. 병원 방문 후 스트레스로 인한 일시적인 행동에 보호자의 잘못된 개입으로 행동이 고착된 상황이다.

보호자는 자신의 대처 방법에 대해 충분히 검토해 봐야 한다.

동물이 화장실을 이용하지 않고 다른 장소에 배설했을 때 보호자는 어떤 반응을 했는가?

화장실을 실수할 때마다 ( )이 플러스 강화되었다.

( ) 안에 어떤 키워드들이 있을까?

혼을 냈다.

말을 걸었다.

핸들링을 했다.

다가와서 꾸중했다.

여러 방법으로 처벌했다.

이 모든 방법들이 반려동물에게는 "보상"이 되어버린 것이다.

필자는 "고무줄 끊기 놀이"를 떠올려 보았다. 고무줄을 끊으면 여학생들이 필자를 쫓아 와서 혼냈다. 그럼에도 불구하고 필자의 고무줄 끊기 놀이는 더욱 심해졌다. 여학생들의 즉각적인 반응이 필자에게는 최고의 관심 유발이 된 셈이다.

반려동물도 마찬가지다. 평소 실내의 동물들은 매우 무료한 시간을 보낸다. 보호자들이 아무리 함께 놀아주고 놀이기구를 제공해도 일시적일 뿐이다. 그런데 자신이 아무 곳에 배설했더니 보호자가 즉각적인 개입을 하기 시작한다면 그것이 처벌일지라도 때로는 "보상"이 된다. 관심 받고 싶은 심리다. 일종의 관심 요구성 문제행동인 셈이다.

때로는 보호자가 반려동물의 엉덩이를 한 차례 때릴 수도 있겠다. 이 또한 반려동물의 입장에서는 보상일 수도 있다. 보호자는 또다시 음식을 제공해 주기 때문에 동물은 그 정도의 물리적 행사를 "일반화"시켜버리기 때문이다.

"늦게 들어오면 밥 없을 줄 알아!"

엄마들이 자주 쓰는 방법이지만 사실 효과는 없다.

아무리 늦게 들어와도 다음날 밥은 또 차려져 있기 마련이다. 혼내봐야 어차피 엄마는 밥을 주니까.

그러니 엄마의 처벌은 이미 처벌이 아니고, 엄마의 꾸중은 늘 그런 것처럼 일반화되는 것이다. "엄마는 말만 그렇게 하는 사람"이라고 생각하게 된다.

그럼 우리는 이런 경우 반려동물의 부적절한 배설 행동에 대해 어떻게 대처하면 좋을까? 지금까지 했던 행동을 멈추거나 그 반대로 행동하면 된다.

혼을 냈다면, 혼내지 않는다.

말을 걸었다면, 말을 걸지 않는다.

핸들링을 했다면, 핸들링하지 않는다.

다가와서 꾸중했다면, 다가가지 않고 꾸중하지 않는다.

여러 방법으로 처벌했다면, 아무런 처벌도 하지 않는다.

반려동물은 자신의 행동에 대한 무관심한 보호자의 반응에 흥미를 잃고 기대감이 감소되기 때문에 시간이 지남에 따라 문제행동은 감소한다. 이 방법은 비침습적이고 비강압적이기 때문에 반려동물과 보호자 상호 간의 관계에도 악영향을 주지 않는다. 단, 시간이 많이 소요될 수 있다는 단점도 있다.

이럴 때 '동물의 기억원리(189쪽)'를 적용해 보자.

보호자가 귀가 즉시 동물의 화장실 옆으로 가서 1분 정도 시간을 함께 보낸다. 이후에는 간식을 한 입만 주는 것도 좋은 방법이다.

매일 같은 행동을 반복하는 것도 좋겠지만, 보호자를 애타게 기다리게 행동이 조작될 수 있으니 필자는 반 무작위로 실행하길 추천한다.

반드시 화장실 옆에서 해줘야 효과적이다. 화장실 안으로 넣거나 패드 위에 올릴 필요는 없다. 그저 화장실 옆에서만 해주면 된다. 장소에 대한 기억을 애착하게 조작하는 것이다.

일반적으로 정상적인 동물은 배설 욕구가 있거나 화장실을 사용하기 전에는 불안하기 마련이다. 그렇기 때문에 개와 고양이는 화장실 사용 전에 주변을 탐색하거나 빙글빙글 돌거나 예민하게 냄새를 맡는다. 이러한 행동을 하는 이유는 자신의 배설 장소에 위험 요소 여부를 확인하는 행동이다. 배설할 때는 경계 태세가 미흡해지기 때문이다.

동물은 불안한 상황 또는 불안할 때 화장실을 찾게 되고 자연스레 배설로 이어질 가능성이 매우 크다. 이는 인간도 마찬가지이다. 면접 직전, 시험 직전 등 불안할 때 화장실을 들락거리는 행동과도 같다. 이런 행동을 하는 이유는 교감신경계가 활성화된 결과물이다. 그렇기 때문에 스트레스 상황에 노출된 경우 화장실을 자주 찾게 되고 또 실수도 하게 된다.

7. 병원 방문 후 절식하는 상황

간혹 동물병원 방문 후에 음식을 거부하거나 섭식량이 줄어드는 경우가 있다. 이런 경우는 시간이 지남에 따라 자연 회복되지만 문제가 심각해져 사망하는 사례도 있다.

도대체 왜 이런 결과를 초래하는 것일까?

급성 트라우마: 안타깝게도 이 동물에게는 병원 방문 자체가 극심한 스트레스로 작용한 것이다. 이 경우는 시간이 지나도 스스로 회복하기 힘들다.

반드시 담당 수의사와 행동전문가가 개입되어야 한다. 시간이 지남에 따라 회복이 불가능한 상황이 될 수도 있기 때문이다.

일시적인 스트레스: 일시적으로 소화불량일 수 있다. 소화호르몬이 불균형할 때 일어나는 증상이다. 우리도 면접, 입시, 군입대 전에 입맛이 없는 것과 같은 원리이다.

역류성 식도염: 과도한 스트레스로 인한 역류성 식도염을 의심할 수도 있다. 즉시 동물병원으로 문의하도록 한다.

보호자의 부적절한 개입: 앞서 언급했던 화장실 문제와 같다. 동물이 음식을 먹지 않을 때 보호자는 주로 어떤 행동을 했는지 생각해봐야 한다.

혼을 냈다.

말을 걸었다.

핸들링을 했다.

다가와서 꾸중했다.

여러 방법으로 처벌했다.

걱정되기 때문에 동물을 핸들링하면서 말을 걸고 관심을 많이 주기도 하고, 배고프면 먹게 되어 있다며 때로는 굶기는 방법을 쓰기도 한다.

물론 대부분 그렇긴 하지만 건강이 악화되거나 실제 필자의 내담자 중에는 사망한 사례도 종종 있다.

다음으로 많이 하는 부적절한 개입 행동은 음식을 손으로 직접 먹여 주거나 간식을 주는 것이다.

보호자와의 애착 관계가 잘 형성된 경우라면 이런 행동들은 반려동물에게는 최고의 보상이다. 이런 행동들이 반복되면 동물은 경험에 의한 학습을 하게 된다. 그리고 장기기억으로 발전하게 되고 행동은 고착된다. 이처럼 보호자의 관심은 반려동물에게는 최고의 보상이 될 수 있다.

실전처럼 해보는 것이 매우 중요하니 다음 내용을 참조하도록 하자.

① 보호자는 외출할 때 반려동물에게 먹이고 싶은 음식을 비닐 포장지에 넣어 챙겨서 외출한다(평소 동물이 좋아하는 비닐 포장지에 건식을 30알 정도 담는다).

② 귀가 즉시 비닐 포장지를 부스럭 소리를 내면서 동물에게 보여준다. 이때 동물은 매우 흥분 상태일 것이다(비닐 포장지와 동물 눈의 거리를 30~50cm 유지할 것, 시각 자극).

③ 즉시 비닐 포장지에서 건식을 한 알 꺼내어서 반려동물이 잘 볼 수 있도록 바닥에 툭 던져 준다(반드시 던져줘야 한다. 동물들은 움직이는 물체에 반응이 즉각적이고 움직이는 음식을 더 신선하다고 판단하기 때문이다).

동물은 냄새를 맡기 위해 건식 가까이에 다가가고, 이때 먹을 수도 있고, 먹지 않을 수도 있다.

④ 만약 건식을 먹는다면, 칭찬을 해주고 건식을 눈앞에서 천천히 좌우로 흔들어 준 후 한 알 더 던져준다.

②~④번까지 과정에서 비닐 포장지의 소리는 계속 내줘야 한다(청각 자극).

이렇게 5알~10알 정도만 던져주고, 비닐 포장지를 계속 부스럭 소리를 내면서 남은 건식을 동물의 급식기에 담아준다. 만약 급식기에 이미 담아둔 건식이 있다면, 그 건식은 처리하고 비닐 포장지에 있던 건식으로 담아준다. 이 모습을 동물이 볼 수 있도록 한다.

보호자가 귀가하면서(1차 보상) 비닐 포장지를 부스럭거리고(청각 자극, 2차 보상) 바닥에 던져준다(시각 자극, 3차 보상). 그리고 급식기에 담아준다(Reset, 4차 보상).

필자는 이런 행동 교정을 Reset이라고 표현한다.

*다만 행동학에서 공통적으로 사용되는 용어는 아니기 때문에 참조만 하기 바란다.

이처럼 보호자가 귀가하는 타이밍에 동물들의 문제행동에 많은 영향을 줄 수 있다.

예 가위를 무서워하는 개의 경우 → 귀가할 때마다 가위를 보여준다.

칫솔을 무서워하는 고양이의 경우 → 귀가할 때마다 칫솔을 보여준다.

보호자와 동물의 애착 관계가 잘 형성된 경우라면 아주 긍정적인 결과를 가져올 수 있다.

8. 병원 방문 후 자주 짖거나 우는 상황

이것은 보호자만의 고충이 아니라 주변에 민폐가 될 수 있는 상황이다. 층간 소음은 보호자와 주변인까지 피해를 받고 사회적으로도 문제가 되는 심각한 문제이다. 특히 야간에 발성하는 소음은 더욱 그렇다.

동물은 자신의 욕구불만 및 스트레스를 해소할 수 있는 방법이 그리 많지 않다. 주로 잠자기, 그루밍, 배뇨, 공격, 발성 정도가 있겠다.

그중에 가장 즉각적이고 본능적으로 표출할 수 있는 것은 '발성'이다. 발성을 하면 보호자는 즉각적으로 반응하게 되고 동물은 이런 경험을 반복하고 학습하게 된다. 기타 다른 문제행동은 시간적 여유를 가지고 교정에 임하면 되지만 발성은 그렇지 않다. 특히 야간의 고양이 울음이나 개의 짖음은 민폐가 될 수밖에 없고 더 나아가 신고가 접수되기도 한다.

문제행동의 대부분은 보호자가 잠을 자고 있을 때다. 보호자가 함께 있어 주면 발성은 멈춘다는 것이 공통점이다. 이런 행동을 '관심 요구성 발성'이라 하는데, 이 행동의 해결책은 오직 보호자에게 있다.

당장의 행동을 중단하기 위해 관심(보상)을 줄 것인지, 처벌을 할 것인지 판단하기 힘들다.

관심 요구성 발성은 보상을 주게 되면 강화될 가능성이 크다. 때문에 적절한 타이밍에 처벌을 해준다면 발성은 감소되거나 멈출 수 있다. 하지만 모든 처벌은 부작용을 가져올 수도 있기 때문에 방법론을 생각할 때는 늘 주의해야 한다.

> **예** 발성할 때마다 동물이 싫어하는 부위를 핸들링한다.
>
> 앞발을 싫어하면 발성 즉시 2초 이내로 앞발을 핸들링한다.
>
> 동물은 회피할 것이고 발성은 잠시 멈추게 될 것이다.

이 방법은 효과가 있을 수도 있고 없을 수도 있다.

10회 정도 실행했는데도 발성의 빈도 수나 소리의 크기가 똑같다면 효과가 없으니 중단해야 한다.

앞서 언급했던 우산을 이용한 방법도 있다. 발성할 때 즉시 우산을 펼쳐서 위협을 가하는 극단적인 방법이다. 효과는 즉각적이고 지속이 된다는 특징이 있지만 추천하고 싶은 방법은 결코 아니다.

피치 못하는 상황에서의 마지막 수단으로만 사용하길 간곡히 부탁한다.

우산을 이용한 교정 방법은 심신이 미약한 동물의 경우는 매우 위험할 수도 있다.

우산을 이용한 행동교정의 장점

- 즉각적으로 행동이 중단된다.
- 간단하고 쉽다.
- 효과가 지속적일 가능성이 크다.

우산을 이용한 행동교정의 단점

- 실행한 사람과의 관계가 악화될 수도 있다.
- 극심한 스트레스를 유발한다(똥, 오줌 지리기, 구토, 절식 등의 부작용).
- 의기소침, 은둔 행동을 유발할 수도 있다.

9. 병원 방문 후 저활동성/과활동성을 보이는 상황

질환에 의한 처치 및 수술 후에는 일시적으로 저활동성을 보일 수 있다. 이 행동은 시간이 경과함에 따라 대부분 회복된다. 필자의 경험에 의하면 일반적으로 3일~10일 정도 소요되었다.

스스로 회복하기 위한 기전이니 동물을 귀찮게 하지 말고, 조용하고 조금은 어두운 환경을 조성해 주면 회복에 도움이 될 수 있다.

특히 이 시기에는 보호자의 외출은 자제하고 외출을 하더라도 귀가 시간을 일정하게 지켜주는 것이 좋다. 생활 소음에 주의하고 특히 TV 소리는 줄여준다. 방문객도 자제하는 것이 좋겠다. 동물을 귀찮게 하는 것은 주의하되 세심한 관찰은 필수이다.

동물병원 직원은 보호자에게 동물의 하루 수면시간, 수면 사이클, 섭식량, 음수량, 수면, 배설상태 등을 매일 기록해서 병원 직원에게 전달해 줄 것을 부탁한다. 또한 사진을 찍어두면 향후 병원 방문 시 진료에 도움이 될 수 있다.

과활동성은 시간이 경과함에 따라 대부분 회복되기 때문에 특별한 조치는 필요 없다.

단, 호르몬 변화 및 건강이상 문제로 과활동성을 보일 때도 있기 때문에 섭식량, 음수량, 수면, 배설상태 등을 잘 기록하자.

10. 병원 방문 후 상동행동을 보이는 상황

전형적인 스트레스에 의한 행동반응이고 상동행동 자체가 꼭 부정적인 것은 아니다. 특정 행동을 반복함으로써 정신적으로 안정되기 때문이다. 사람의 경우도 긴장, 초조, 불안할 때 상동행동을 한다. 예컨대 껌 씹기, 발 떨기, 펜 돌리기, 수다 떨기, 걷기 등도 상동행동의 일종이다.

이 행동은 시간이 경과함에 따라 대부분 회복되기 때문에 특별한 조치는 필요 없다.

다만 이 행동이 일상생활을 방해할 수준이라면 문제행동으로 간주할 수도 있겠다.

하루 종일 펜을 돌려야만 한다면 일상생활은 불가능하듯이 반려동물 또한 하루 종일 앞발을 그루밍하거나 자신의 꼬리를 쫓는다면 문제행동으로 분류할 수 있겠다.

*인지장애 증후군(치매)의 경우도 상동행동을 한다.

환경변화를 최소화하고 생활 소음을 줄여주고 외부인의 방문객을 자제해 주는 등 대증적인 방법을 사용한다.

11. 병원 방문 후 파괴 행동을 보이는 상황

파괴 행동 문제도 흔하게 호소되는 문제 중 하나이다. 특히 실내 벽지, 장판, 나무 가구들을 물어뜯거나 긁는 경우가 많다. 큰 범주에서 분류하면 이식증(이기)의 행동과도 비슷하다.

이 행동은 시간이 경과함에 따라 대부분 회복되기 때문에 특별한 조치는 필요 없다.

하지만 단순히 물어뜯는 것과 물어뜯어서 먹는 것은 분명 다르다. 때문에 세심한 주의 관찰이 필요하고 이물질을 먹은 경우는 즉시 내원해야 한다.

특히 장판, 나무, 쇠붙이, 플라스틱, 고무, 비닐의 경우는 매우 위험하다. 평소 동물이 충분히 물어뜯거나 긁을 수 있는 안전한 것을 충분히 제공하자.

보호자가 귀가할 때 즉시 동물에게 제공하고 간식과 함께 보상해 주면 좋은 기억으로 남게 되고 불안할 때 물어뜯거나 긁을 수 있다.

12. 병원 방문 후 포식성 공격행동을 보이는 상황

병원 방문 후 포식성 공격성을 보이는 행동은 흔치 않은 문제행동이다. 평소에는 문제행동을 보이지 않다가 병원 방문 후로 포식성 공격 성향을 보인다는 것은 일반적이지 않기 때문이다.

이는 동물병원에 장기간 입원하는 상황에서 급식이 제대로 되지 않았거나 급식환경이 매우 열악한 경우 '트라우마'처럼 발현되는 증상일 가능성이 있다.

이 문제는 갑자기 발현되지는 않으며 대부분은 농장 및 야생 출신의 동물에게 있어서 빈번하게 나타나는 행동 중에 하나이다.

즉 급식이 제대로 되지 않는 야생의 동물이거나 좁은 공간에 많은 개체가 구속된 환경에서의 동물들에서 자주 볼 수 있는 행동이다.

*포식성 공격성 부분(6장)을 참조하길 바란다.

13. 병원 방문 후 정상적인 수면을 하지 못하는 상황

개와 고양이의 평균 수면시간을 정의 내리긴 어렵다. 너무 다양한 품종이 있고, 건강상태, 나이, 영양상태, 반려자의 생활 습관에 따라 다르기 때문이다.

보편적으로 16~18시간 정도 수면을 취하는 것으로 알려져 있지만 장시간 잠을 자는 것은 아니다. 수면은 크게 REM(얕은) 수면과 NON REM(깊은) 수면으로 나뉘는데 동물들은 REM 수면 상태가 많은 편이다. 즉 얕은 잠을 자는 경우가 많다는 의미이다. 늘 경계하고 살아야 하는 야생의 본능이 아직 남아 있기 때문이다. 때문에 오랜 시간 잠을 자는 것처럼 보이지만 실제 숙면을 취하는 시간은 그렇지 않다.

건강상의 문제 또는 기면증이 아니라면 잠을 충분히 자는 것은 큰 문제가 없다. 자는 동안 충분히 휴식을 취하고 세포재생도 되기 때문에 자는 동안은 절대 귀찮게 하거나 소란을 피우지 않도록 하자.

하지만 잠을 잘 못 자는 경우는 주의해야 한다. 수면의 양이 적을수록 건강회복에는 악영향을 끼치기 때문이다. 이 경우는 담당의사와 상의하여 수의학적 진단 및 처치가 필요하다.

동물병원 직원은 보호자에게 동물의 하루 수면시간, 수면 사이클, 섭식량, 음수량, 수면, 배설상태 등을 매일 기록해서 병원 직원에게 전달해 줄 것을 부탁한다. 또한 사진을 찍어두면 향후 병원 방문 시 진료에 도움이 될 수 있다.

14. 병원 방문 후 부작용을 호소하는 상황

어떤 동물이든지 부작용은 반드시 있을 수 있다.

동물병원 직원은 담당 수의사의 지시에 따라 보호자에게 미리 부작용에 대한 설명을 충분히 해줘야 한다. 부작용을 잘 설명해 주는 것은 향후 동물의 건강회복과 보호자와 병원 간의 신뢰 관계 형성에도 큰 도움이 된다.

내원 후 1일~7일 정도 관찰 주의 사항들

기본적으로 섭식량, 음수량, 수면, 배설상태, 발열, 구토, 알레르기, 부종, 기면증, 저활동성 등을 주의 관찰해야 하고 매일 기록 및 사진 촬영한다. 이상행동 발생 시 동영상 촬영도 한다.

병원 처치에 따라 주의 사항은 다를 수 있으니 담당 의사의 지시에 따라 보호자에게 정확하게 전달한다(구두 설명 및 텍스트 자료). 대부분 구두로만 설명하는데, 보호자가 내용을 잊어버릴 수 있기 때문에 반드시 텍스트를 안내하도록 한다.

귀가 후부터는 보호자가 모든 관리를 해야 하기 때문에 꼼꼼히 기록해 줄 것을 당부한다. 이러한 병원의 업무 진행 과정에서 보호자는 병원을 더욱 신뢰하게 된다.

1. 상담의 정의
2. 동물 상담목표
3. 상담자의 자질 4가지
4. 상담의 구조
5. 내담자의 분류
6. 시간에 따른 문제의 분류
7. 발생 원인에 따른 분류
8. 상담 기간의 분류
9. 상담유형의 분류
10. 내담자의 심리적 갈등
11. 상담자와 내담자의 관계
12. 내담자 응대
13. 정보수집
14. 고민(문의 내용 파악하기)
15. 보호자의 요구 사항을 거절해야 할 경우
16. 고객접점 실무 사례
17. 고객을 응대할 때 주의할 행동 10가지

09

상담 이론

1. 상담의 정의

스스로 문제를 해결할 수 없는 내담자(보호자)가 전문적인 교육 및 훈련을 받은 상담자에게 도움을 받아 문제의 해결과 정서의 발달을 촉진하는 과정을 상담이라고 한다.

2. 동물 상담목표

내담자의 주 호소 문제를 파악하여 내담자가 직면한 현재의 문제만을 해결하는 것이 아니라 향후 발생할 만한 문제의 요소들을 내담자에게 사전에 알리고 그에 따른 예방 및 해결방안을 제공한다(예: 이사, 병원 방문, 투약, 이동, 출산 등).

3. 상담자의 자질 4가지

잘난 사람: 자신의 분야에서 이름 난 사람, 내담자보다 자신이 우월하다고 판단하여 내담자의 의견을 무시하고 자신의 주장을 주로 내세우는 사람.

제대로 된 사람: 내담자의 말에 귀를 기울이며 존중하고, 자신의 의견을 솔직하게 내담자와 상의하는 사람.

이처럼 잘난 사람보다 제대로 된 사람이 내담자의 상황과 의견을 최대한 수렴해서 상담을 진행하고, 상담의 질은 높은 편이며 동물과 내담자 모두의 발달을 촉진시키는 사람이다.

생명을 다루는 자의 자질 4가지

① 생명을 종에 따른 등급으로 구분하지 말 것
② 생명의 목숨에 대한 가치를 구분하지 말 것
③ 생명의 존재의 가치에 대해 구분하지 말 것
④ 내담자의 생활 수준 및 학습 수준을 구분하지 말 것

4. 상담의 구조

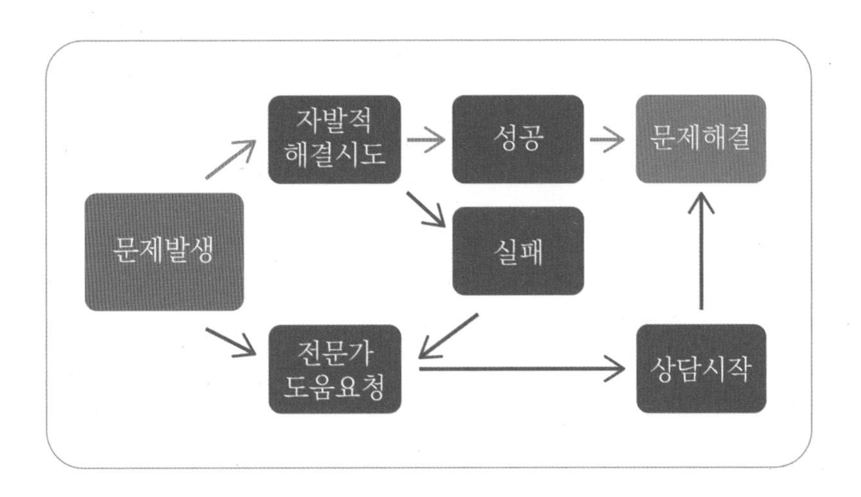

5. 내담자의 분류

❶ 동물 상담

동물의 행동 및 심리에 문제가 있는 경우

❷ 내담자(보호자) 상담

동물은 정상적이나 보호자의 지식, 판단에 문제가 있는 경우

❸ 가족 상담

동물의 문제 때문에 가족이 갈등 상황을 겪고 있고 스스로 문제를 해결할 수 없는 경우에 상담자가 개입

6. 시간에 따른 문제의 분류

❶ 일시적 문제

24시간~1개월 이내에 최초 발생한 문제에서 벗어나 정상적인 일상생활을 할 수 있는 경우

*일시적 문제라도 상황이 반복되면 일시적 문제로 간주할 수 없다.

❷ 지속적 문제

1개월~3개월 이상 문제가 지속되는 경우

❸ 만성적 문제

3개월 이상 문제가 지속되는 경우

7. 발생 원인에 따른 분류

❶ 성격적 요소

문제의 원인이 동물 내부에 있거나 내담자(보호자) 내부에 있는 경우

❷ 상황적 요소

문제의 원인이 동물 외부에 있거나 내담자(보호자) 외부에 있는 경우

*성격적 요소와 상황적 요소가 복합적인 경우가 많으며 둘은 상호작용한다.

내담자의 지식 및 정보 부족으로 동물의 문제행동이 발생하고 문제가 지속되는 경우는 내담자를 설득하거나 교육을 진행한다.

하지만 내담자의 인지 및 심리에 문제가 있는 경우는 동물보건사의 영역이 아니기 때문에 상담을 진행하여서는 안 된다.

8. 상담 기간의 분류

❶ 단기 상담: 1~5회 상담으로 종료

문제행동의 종류

- 호기심 및 놀이성으로 동종 간의 공격
- 동종 간의 공격 및 합사
- 내담자(가족)와 친밀도 형성
- 호기심 및 놀이성으로 내담자 공격
- 내담자(가족) 및 방문객, 낯선 사람 공격
- 불규칙한 발성(울음)
- 불규칙한 화장실 이용
- 실내 환경적응(이소 스트레스)
- 사회성 문제(외출, 대면, 발성)
- 예절교육(엘리베이터, 인사, 방문객, 식사, 이동장 차량 탑승, 병원 방문, 미용, 위생 등)
- 분리불안(발성 포함)
- 두려움증
- 절식 및 과식

❷ 장기 상담: 5회 이상 상담 진행

문제행동의 종류

- 병력이 있는 상태에서 지속적인 발성
- 병력이 있는 상태에서 지속적인 화장실 문제
- 병력이 있는 상태에서 지속적인 내담자 공격
- 병력이 있는 상태에서 이종 간의 공격 및 합사
- 발달장애 및 성격 문제
- 과활동성 및 저활동성
- 심리적 외상(Trauma)

9. 상담유형의 분류

❶ 온라인 상담

- 메일, 게시판, 댓글, SNS, 메신저, 문자상담
- 비용 절감, 상담 효과 낮은 수준, 방문 부담 없음

❷ 통화 상담

- 음성통화 및 영상통화 상담
- 비용 절감, 상담 효과 보통 수준, 방문 부담 없음

❸ 병원 방문 상담

- 내담자가 병원으로 방문하여 상담
- 비용 절감, 상담 효과 높은 수준, 방문 부담
- 동물 이동 스트레스 우려

10. 내담자의 심리적 갈등

동물의 문제 때문에 내적 갈등이 심각한 경우가 많으며, 상담에 대해 불신하거나 상담자에게 의존하는 양상을 보이기도 한다. 불안, 수치, 분노, 불신, 회의감 등 복합적인 심리상태일 때도 있다.

내담자에게 최대한 "공감적 이해"를 주는 것이 좋다. 상담자가 내담자의 입장에서 생각해 보는 것이 중요하다. 하지만 내담자의 입장에 깊이 빠져들지 않도록 주의해야 한다.

11. 상담자와 내담자의 관계

상담은 3가지 촉진적 태도가 필요하다.

❶ 솔직성(진솔성)

가장 중요한 태도이며, 내담자와의 관계에서 느낀 감정과 태도를 솔직하게 표현해야 한다. 내담자의 부정적 표현을 수용할 때 비로소 솔직한 감정교류가 시작된다.

❷ 무조건 긍정적 존중

내담자를 존중하고 내담자의 감정, 사고, 행동을 평가하거나 판단하지 않고 있는 그대로를 받아들인다. 상담자가 이런 태도를 보여줄 때 내담자와의 신뢰감이 형성된다.

❸ 공감적 이해

내담자의 감정, 사고, 행동과 경험을 상담자가 구체적으로 예민하게 공감하고 이해하면 신뢰감이 형성된다.

이때 내담자의 입장이 되어 내담자의 마음은 공감하되 상담자의 객관적이고 전문적인 자세를 잃어버리면 상담의 결과는 좋지 못하다.

3가지 촉진적 태도의 효과

① 내담자의 고통과 불안함을 해소하고 솔직한 감정교류가 가능하다.
② 내담자는 상담자를 "가치 있다"고 판단한다.
③ 내담자가 수용적이고 비판단적으로 마음을 열기 때문에 소통이 훨씬 자유로워진다.
④ 내담자는 용기와 자신감을 갖는다.
⑤ 내담자가 상담자에게 새로운 정보를 공개할 가능성이 크다.

12. 내담자 응대

❶ 인사

"안녕하세요. OO동물병원 OOO입니다~"

천천히 또박또박 말한다.

텍스트로 응대할 시에는 올바르게 띄어쓰고, 이름은 꼭 밝힌다.

❷ 대화

내담자와 대화할 때는 내담자를 존중해야 한다.

나는 이렇게 생각해.(X)

저는 이렇게 생각합니다.(O)

나는 그렇게 생각합니다.(X)

저는 그렇게 생각합니다.(O)

절대 자만하거나 단정하지 않아야 한다.

내가 이 문제를 해결할 수 있습니다.(X)

제가 이 문제를 해결하도록 최대한 도와드리겠습니다.(O)

제가 이 문제를 해결하도록 최대한 노력하겠습니다.(O)

이 동물은 이렇습니다.(X)

이 동물은 이런 부분도 있는 것 같습니다.(O)

보호자님 말씀은 틀렸습니다. 그렇게 하시면 안됩니다. 꼭 제가 알려드린 방법대로만 하세요.(X)

보호자님 말씀도 맞습니다. 그리고 이런 방법도 있는데, 부작용이 적고 효과가 좋으니 참고해 보시면 좋을 것 같습니다.(O)

나의 방법이 가장 옳고 내가 가장 잘합니다.(X)

제가 알고 있는 방법은 이런 것들이 있고요, 저도 모든 것을 다 알지는 못합니다만 제가 할 수 있는 부분은 최선을 다하겠습니다.(O)

지금 치료받지 않으면 반드시 나빠집니다.(X)

지금 치료받지 않으면 더 나빠질 수 있어서 우려가 됩니다.(O)

지금 치료받지 않으면 더 나빠질 가능성이 큽니다.(O)

13. 정보수집

상담의 원활한 진행과 만족스러운 결과를 얻기 위해서는 내담자에 대한 정보가 반드시 필요하다. 때문에 정보를 정확히 수집하는 기술을 습득할 필요가 있다.

정보수집 8단계

① 고민(문제)
② 동물 이름
③ 동물 나이
④ 동물 성별
⑤ 동물 병력(중성화, 출산 포함)
⑥ 보호자 성함
⑦ 보호자 주소지
⑧ 보호자 연락처

*위의 8가지는 가장 기본이 되는 정보수집이다.

이외에도 병원에 따라 추가적인 수집을 할 수 있으며 병원에 따라 조금씩 차이가 있을 수 있다.

14. 고민(문의 내용 파악하기)

내담자가 고민을 잘 얘기할 수 있도록 분위기를 조성하고 공감하여 고민을 정확하게 파악한다.

예 내담자: 저희 집 고양이는 아주 어릴 때 길 고양이를 입양해 왔어요.

저와는 관계가 아주 좋아서 함께 잠을 자기도 합니다만 저희 어머니와는 관계가 좋지 못해서 어머니는 첫째를 만질 수가 없습니다. 가끔 어머니를 할퀼 때도 있고요.

둘째와는 사이가 너무 좋지 못해서 둘째가 거실에 나올 땐 첫째는 안방에 넣어둡니다.

밤마다 심하게 울어서 식구들이 잠을 제대로 못 자고 있습니다.

그래서 조용히 시키려고 교육을 하면 안 그러던 애가 갑자기 저를 공격하고 꼬리를 물어뜯습니다.

질문: 이 내담자의 주 호소(고민)는 무엇인가?

답변: 고양이가 꼬리를 물어뜯어서 치료받으러 내원한 것이다.

보호자들은 자신이 알고 있는 상황을 상담자도 알고 있을 거라고 짐작하고 상황설명을 한다. 이러한 상황설명은 오직 보호자의 입장에서 순서 없이 나열된다. 때문에 상담자는 처음부터 구체적인 질문을 해주는 것이 정보수집 시에 효과적이다.

① 무슨 일로 오셨어요?(X)

② 어디가 불편해서 오셨어요?(O)

②번의 형식으로 응대를 하면 주 호소를 수집할 가능성이 크다.

보호자와 상담할 때 일일이 취조하듯이 질문하고 답변 받는 정보수집은 보호자의 마음을 불편하게 하고 공감대 형성이 어려울 수 있다.

자연스러운 일상대화의 소재로 시작해서 보호자가 스스로 정보를 공개하도록 유도하는 상담의 기술이 필요하다.

15. 보호자의 요구 사항을 거절해야 할 경우

예 고객: 고양이를 주웠는데 아픈 것 같기도 하고, 누가 버렸는지 찾아줘야 할 것 같은데 지금 당장 수의사 선생님과 상담을 좀 하고 싶습니다.

동물보건사: 네, 고양이를 주우셨군요. 지금은 수의사 선생님께서 진료 중이신데 뵙고자 하는 이유가 고양이의 보호자를 찾기 위함일까요?

고객: 네, 찾아줘야겠습니다.

동물보건사: 네, 죄송하지만 저희 병원에서는 동물을 찾아주는 업무나 프로그램은 준비되어 있지 않습니다. 대신 제가 알려드리는 곳으로 연락하시면 찾으시는 데 도움이 될 듯합니다. 간혹 실종 동물을 찾기 위해 병원으로 문의 주시는 분들이 계시니 연락처와 성함을 남겨 주시겠습니까?

고객: 네 감사합니다.

16. 고객접점 실무 사례

자연스러운 상담의 예

보호자가 병원을 첫 방문한 상황

상담자: 안녕하세요~ OO병원 OOO입니다. 오늘 날씨가 많이 덥죠?(날씨와 관련된 이야기는 친밀감 및 공감대를 형성하는 데 효과적이다)

보호자: 네 많이 덥네요.

상담자: 예약하셨나요?

보호자: 아니에요.

상담사: 첫 방문이신가 봐요?

보호자: 네 처음입니다.

상담자: 네, 처음 오셨군요. 어디가 불편해서 오셨어요?

보호자: 강아지가 다리를 절어요.

상담자: 아, 다리를 저는군요. 강아지 이름이 뭔가요?

보호자: 흰둥이에요.

상담자: 네. 아주 예쁜 흰둥이네요. 흰둥이가 어느 쪽 다리를 저나요?

보호자: 왼쪽 뒷다리입니다.

상담자: 네. 흰둥이 언제부터 이런 증상이 있었나요?

보호자: 1달 전부터입니다.

상담자: 네. 1달 전부터였군요(공감/확인). 잘 알겠습니다. 접수 도와드리겠습니다. 접수증에 기록 좀 부탁드릴게요.

상담자: 흰둥이가 얌전한데, 성격이 온순한가 봐요?

보호자: 네 아주 착해요.

상담자: 네 아주 착하군요(공감). 다리를 만지거나 몸에 손을 대면 얌전히 있을까요?

보호자: 네. 주사 맞을 때도 아주 얌전해요.

상담자: 네, 착한 흰둥이네요. 잠시만 앉아계시면 곧 진료 받으실 수 있도록 안내해 드리겠습니다. 흰둥이 배변 패드나 물 필요하시면 말씀하시고요. 차 한 잔 드릴까요?

보호자: 흰둥이 물만 좀 주세요.

방법은 다양하지만 대략적으로 이러한 방법으로 정보를 수집할 수 있다.

특이 사항이나 동물의 성향은 차트에 별도로 기록해 두었다가 수의사에게 전달해 주는 것을 추천한다. 다음 내원 시에도 동물을 응대하거나 진료할 때 도움이 되기 때문이다.

이때 보호자가 접수증에 개인 정보를 기록하는 상황이라면 상담자는 강아지의 성향을 물어 볼 수도 있다.

17. 고객을 응대할 때 주의할 행동 10가지

❶ 고객이 접수증에 직접 개인 정보를 작성하는 경우와 상담자가 고객과의 소통을 통해 고객관리 프로그램에 직접 입력을 하는 방법이 있는데, 고객의 개인 정보를 물을 때는 타인이 들을 수도 있기 때문에 최대한 조용히 물어보도록 해야 한다.

예 전화번호가 어떻게 되시나요?(특히 주소, 연락처, 성함, 번호 등의 개인 정보는 큰소리로 묻지 않아야 하며, 가급적이면 메모지에 기록하도록 유도하는 것도 좋은 방법이다.)

❷ 간혹 고객을 보지 못해 인사를 놓치는 경우도 있다. 그런 경우는 "안녕하세요~ 제가 미처 못 봤네요! 어디가 불편해서 오셨나요?"라고 소통을 시작하면 된다. 인사를 하지 않는 것은 고객을 외면하는 것과 다를 바 없다.

❸ 인사는 밝게 웃으면서 하는 것을 추천한다.
하지만 동물보건사도 때로는 힘들고 피곤할 때가 있다. 이런 경우는 밝은 표정과 친절한 목소리가 나오지 않을 때도 있다. 필자는 이러한 감정 노동을 충분히 이해한다. 그러나 동물보건사는 생명을 다루는 전문직임을 잊지 않는다면 마음가짐에 도움이 될 수도 있겠다.

❹ 안내 데스크 또는 병원 내에서는 직원들 간에 큰소리로 웃고 떠들고 개인사담을 하는 것은 주의해야 하며, 특히 고객 앞에서 음식물을 섭취하는 것은 결례임을 잊지 말자.

⑤ 복장은 화려함보다는 청결 및 단정이 우선이다. 간혹 유니폼과 양말을 착용하지 않는 경우가 있는데 가급적이면 유니폼과 양말을 착용하도록 하고, 액세서리는 최소화하는 것을 권고한다. 때로는 귀걸이, 목걸이 등에 예민하게 반응하는 동물들도 있기 때문이다.

⑥ 머리는 단정하게 묶고, 과도한 색깔의 네일이나 긴 손톱 등은 피해야 한다.
특히 동물보정을 해야 하는 경우는 긴 손톱이 동물과 보건사 모두를 위험에 처하게 할 수도 있기 때문이다.

⑦ 고객이 문의할 때 보건사가 답변을 못하는 경우가 있다. 이런 경우는 "모릅니다"라고 단정하지 말고, "그 부분은 제가 수의사 선생님께 여쭤보고 말씀드리겠습니다"라고 탄력적인 응답을 하도록 하자.

⑧ 동물의 보호자를 '주인, 견주, 묘주' 등으로 호칭하는 것은 부자연스러울 수도 있다. 반려동물을 물건이 아닌 식구로 생각하기 때문이다.
'보호자님' 등의 호칭을 사용하는 것을 추천한다.

⑨ 고객을 가르치려는 언행은 주의해야 한다.

나쁜 예) 이렇게 하세요. 시키는 대로 하세요.

좋은 예) 이렇게 해볼까요? 이렇게 해보실래요?

고객의 의견을 무조건 반대하는 언행도 주의해야 한다.

나쁜 예) 그건 틀렸어요. 그건 아니에요. 잘못됐어요. 잘못하셨어요.

좋은 예) 네 그렇게 하셨군요. 그리고 이런 방법도 아주 효과적이더라고요.
맞아요. 저도 그 방법은 예전에 많이 했던 방법이네요. 저는 최근에 이렇게 해보니까 효과가 아주 좋더라고요.

⑩ 고객이 퇴장할 때 꼭 인사를 하도록 하자.

부자연스러운 상담의 예

보호자가 병원을 첫 방문한 상황

상담자: (인사 없음)

보호자: 강아지가 아파서 왔습니다.

상담자: 처음 오셨어요?

보호자: 네.

상담자: 접수증부터 작성해 주세요.

보호자: 네. 다 작성했습니다. 저희 강아지가 며칠 전부터 계속 밥을 못 먹습니다.

상담자: 그 부분은 수의사 선생님과 얘기 나눠보세요.

보호자: 네.

필자의 경험에 의하면 이렇게 보호자를 응대하는 병원 직원도 있었다. 재방문 시에 병원의 그 직원은 퇴사한 상태였다. 이 직원은 동물보건사의 기본적인 수행업무에 대해 인지하지 못하고 있는 상황이다. 즉 직업에 대한 의식이 부족한 것이다.

동물보건사의 직무는 입원동물 관리, 임상병리, 수술보조, 원무관리, 위생관리, 의료소모품 및 기기관리 외에도 '고객상담'이 포함된다.

동물보건사의 고객응대 기술은 병원의 이미지가 결정되는 데 매우 중요하다. 최초 고객을 편안하고 안전하게 응대하는 것은 고객의 정보를 다양하게 수집하고 친밀, 공감, 신뢰를 형성하는 데에 매우 중요한 요인이다.

그럼에도 위의 사례처럼 응대한다면 고객은 직원의 태도뿐만 아니라 병원이 불친절한 것으로 받아 들일 수 있다.

고객 응대 시에는 밝고 부드러운 미소와 적절한 눈 맞춤, 호감 가는 음성, 교양 및 예의 있는 말투, 단정하고 신뢰감 가는 복장으로 공감을 형성하는 것이 중요하다.

고객접점은 고객을 최초로 맞이하는 시점을 일컫는데 다양한 방법으로 최초 응대를 할 수 있다. 고객접점은 SNS, 온라인 게시판, 문자 메시지, 메일, 통화, 대면 등이 있다. 최초 고객과 소통하는 시점부터 고객접점이 시작된다.

SNS를 통해서 병원을 내원한 경우라면, SNS가 최초 고객접점이다.

전화통화로 병원을 내원한 경우라면, 통화가 최초 고객접점이다.

저자 소개

박민철

한국 반려동물 상담센터 대표

한국 동물보건사 대학 교육협회(KAVNUE) 정회원

동물보건사 국가자격증 동영상 강의 및 교재 집필

노예원

한국 반려동물 상담센터 교육팀장

한국 동물보건사 대학 교육협회(KAVNUE) 정회원

동물보건사 국가자격증 동영상 강의 및 교재 집필

동물보건 행동학

초판발행 2023년 8월 31일

지은이 박민철 · 노예원
펴낸이 노 현

편 집 김다혜
기획/마케팅 김한유
표지디자인 이솔비
제 작 고철민 · 조영환

펴낸곳 ㈜ 피와이메이트
서울특별시 금천구 가산디지털2로 53, 한라시그마밸리 210호(가산동)
등록 2014. 2. 12. 제2018-000080호
전 화 02)733-6771
f a x 02)736-4818
e-mail pys@pybook.co.kr
homepage www.pybook.co.kr
ISBN 979-11-6519-435-2 93520

정 가 20,000원